ADEL OUALI

L'EAU ET L'ENVIRONNEMENT DES ESPACES PHOENICICOLES

ADEL OUALI

L'EAU ET L'ENVIRONNEMENT DES ESPACES PHOENICICOLES

Dégradation et Sauvegarde, le cas d'oasis Tilouine au Moyen Rhéris

Noor Publishing

Publisher:
Noor Publishing
is a trademark of
Dodo Books Indian Ocean Ltd. and OmniScriptum S.R.L publishing group

120 High Road, East Finchley, London, N2 9ED, United Kingdom
Str. Armeneasca 28/1, office 1, Chisinau MD-2012, Republic of Moldova, Europe
Printed at: see last page
ISBN: 978-620-7-47913-9

Liste des abréviations

- ❖ **ABHGZR :** Agence du Bassin hydraulique de Guir-Ziz-Rhéris

- ❖ **DPEFLCDD :** Direction provinciale des eaux et forets et de lutte contre la désertification -Errachida

- ❖ **ORMVTF :** Office régional de mise en valeur agricole de Tafilalet

- ❖ **ADS :** Agence de développement sociale -Errachida

- ❖ **ANDZOA :** Agence Nationale pour le développement des zones oasiennes et de l'arganier

- ❖ **Gheris :** avec (GH) le coté administratif

- ❖ **Rhéris :** avec (RH) le coté naturels

- ❖ **Ha :** hectare

Introduction générale

Les oasis sont des espaces anthropisés et cultivés au sein de vastes zones arides voire désertiques. On les trouve donc dans la plupart des grandes régions sèches du monde : sur le pourtour du Sahara, au Maghreb comme au Sahel, au Moyen Orient, sur la côte ouest de l'Amérique latine et en Asie centrale. Étant donné la grande diversité des oasis et les différentes façons de les définir **(Lacoste, 1992)**, il est difficile de connaître avec précision les superficies qu'elles occupent dans le monde. On estime cependant qu'environ 150 millions de personnes vivent dans les oasis. Historiquement, leur création s'est faite le plus souvent pour constituer des relais le long des routes caravanières et des grands axes d'échanges intercontinentaux **(Toutain G,1989).**

La survie de ces oasis est conditionnée par la mobilisation de l'eau. Sur le plan technique, celle-ci peut se faire de différentes manières, soit par la dérivation d'eau de rivières ou de fleuves, soit par l'exploitation par pompage de nappes souterraines plus ou moins profondes comme dans le cas des oasis tunisiennes du Djérid, du Nefzaoua ou de Gafsa. Ou par le drainage à l'aide de galeries souterraines de nappes phréatiques situées en amont de l'oasis : c'est le système des *khettaras* du Sud marocain, des *foggaras* d'Algérie (Touat, Gourara et Tidikelt) ou des *qanâts* d'Iran

À cette maîtrise technique de la ressource en eau sont associées traditionnellement des formes d'organisation sociale complexes en matière de droits et d'usages de l'eau, ayant un caractère communautaire sans être pour autant égalitaires.

En matière de mise en valeur agricole, le cœur de l'oasis est constitué par une palmeraie sous laquelle on trouve, quand les ressources en eau sont suffisantes, deux autres étages de végétation, des arbres fruitiers – grenadiers, abricotiers, pêchers, figuiers, *etc.* – et, en dessous, des céréales, de la luzerne ou du maraîchage. À sa périphérie se trouvent généralement des zones pastorales permettant un élevage transhumant ou nomade complémentaire de la vie de l'oasis. De même sur le territoire d'un certain nombre d'oasis, notamment dans le Sud marocain, il est possible de pratiquer des cultures de décrue dans le lit majeur des oueds ou dans des zones dépressionnaires. Ce type de culture bien que très aléatoire peut contribuer de façon notable à l'approvisionnement en céréales des populations oasiennes.

Si la plupart de ces oasis ont été créées dans des régions peu peuplées, elles ne sont pas pour autant des îles perdues au milieu du désert. Autrefois relais commerciaux, nombre d'entre elles se sont urbanisées ou interconnectées avec le monde extérieur par le biais de l'émigration.

Bien que la plupart des oasis existent depuis plusieurs centaines d'années, on observe que dans différentes régions du monde ces agroécosystèmes complexes sont en crise et en déclin **(Dubost, 1989).** En effet de nombreuses menaces pèsent sur le devenir des oasis et conduisent à se poser la question de leur durabilité. Mais les problèmes que pose cette durabilité sont en partie dépendants de la situation géopolitique de ces oasis. Aussi nous limiterons notre analyse aux menaces spécifiques qui pèsent sur les oasis du Maroc et nous examinerons ces menaces en considérant les conditions générales qui déterminent la durabilité des systèmes d'exploitation des milieux, à savoir la reproductibilité agro écologique, la viabilité économique et la viabilité sociale **(Landais E., 1998.).**

De ce point de vue, la principale menace est constituée par la diminution des ressources en eau dont dépend la vie de l'oasis. La première cause de cette diminution est la succession de périodes de sécheresse au cours des dernières décennies. Ces sécheresses se sont traduites par un rabattement des nappes phréatiques entraînant une diminution des capacités d'exhaure et surtout le tarissement des sources (Baakram) et de nombreuses *khettaras* à partir desquelles sont alimentées les palmeraies.

L'autre cause de diminution de la ressource en eau est la surexploitation des nappes aquifères par la multiplication incontrôlée des pompages. Cette surexploitation peut avoir plusieurs origines. Le développement urbain (goulmima et ses environs) et l'investissement agricole à proximité des oasis créent une concurrence pour l'eau au détriment des besoins de la palmeraie.

La multiplication des pompages privés individuels en périphérie des anciennes palmeraies afin de s'affranchir des règles et contraintes collectives d'usage de l'eau peut aussi conduire à un tarissement progressif de l'alimentation en eau de l'oasis traditionnelle et provoquer son déclin (c'est le cas de Tilouine au Sud-Est du Maroc)

D'autres causes liées au milieu biophysique peuvent également contribuer au déclin des oasis et affecter leur durabilité, en particulier l'ensablement et la salinisation des sols.

Les risques d'ensablement sont très variables d'une région à l'autre. Dans un certain nombre de situations, cet ensablement apparaît comme un phénomène localisé évoluant lentement. En dépit des interventions des pouvoirs publics (plantations et palissages par les services des Eaux et forêts), il est difficile de contrôler cette altération du milieu quand elle revêt un caractère géologique comme c'est le cas le plus souvent. En général l'ensablement ne concerne qu'une partie de l'oasis, ce qui conduit les agriculteurs à déplacer leurs parcelles et parfois leur habitation.

Le fonctionnement traditionnel de l'oasis est déterminé par un double contrôle social, celui de l'eau et celui de la force de travail dans les oasis alimentées par des *khettaras*, les droits d'eau sont en principe proportionnels au travail investi par les familles dans la construction de ces *khettaras*. Dans la plupart des cas cette construction remonte à plusieurs siècles. Depuis, les héritages successifs et l'augmentation du nombre des ayants droit ont entraîné une fragmentation de ces droits d'eau et un allongement du tour d'eau qui font qu'il est de plus en plus difficile de satisfaire correctement les besoins en eau des cultures. Pour pallier cet inconvénient, des échanges et des ventes de temps d'irrigation sont pratiqués dans les oasis. Mais en dépit de ces pratiques d'ajustement assez complexes3, les règles de gestion de la ressource en eau dans les oasis traditionnelles deviennent de plus en plus contraignantes et inadaptées, au point d'amener certains agriculteurs à abandonner l'irrigation de leurs parcelles. À cela il faut ajouter que les familles descendant de la main-d'œuvre servile qui a été mobilisée jadis pour construire les *khettaras* n'ont pas bénéficié de droits d'eau.

Si le système des *khettaras* qui permet d'acheminer l'eau par gravité jusqu'à la palmeraie peut apparaître comme écologique et économique, l'énorme investissement en travail requis pour sa construction – 1 kilomètre de galerie nécessiterait le travail de 10 hommes pendant quatre ans (**Grandguillaume , 1973)**– et la profonde iniquité qui a présidé à l'attribution des droits d'eau en font un système qui n'est plus reproductible.

Notre zone d'étude oasis de **Tilouine** appartient à la sphère des oasis qui souffrent d'un déséquilibre environnemental. De ce fait notre question centrale :

Comment les conditions naturelles et les facteurs anthropiques ont contribué à la dégradation de l'agrosystème au sien de l'oasis Tilouine .et quel sont les principales formes de cette dégradation ?

- **Le Contexte national des oasis**

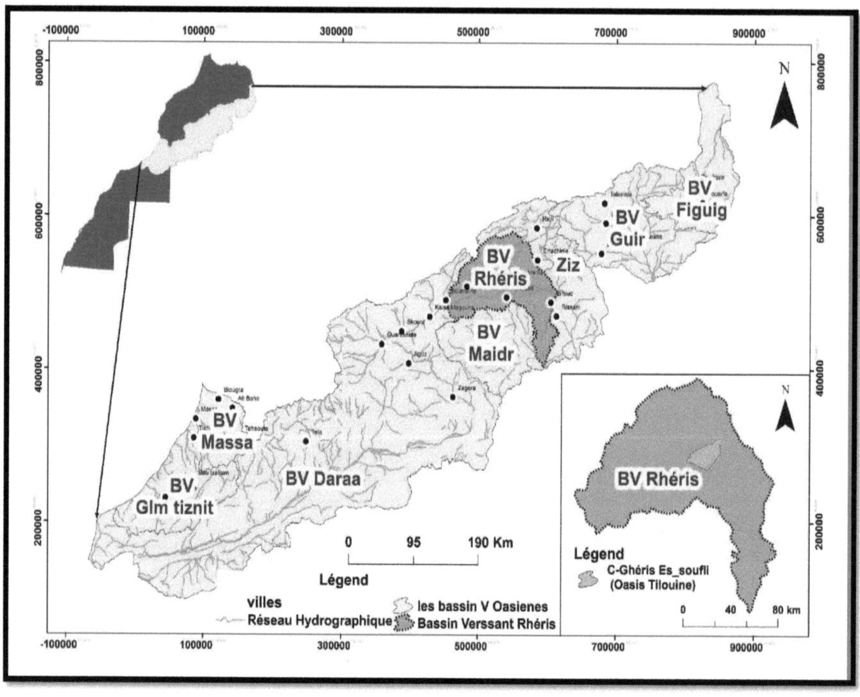

Figure 1: Localisation géographique des bassins versants oasiens

Au Maroc les oasis (il oucupent107.324 Km^2) connaissent des mutations sociales, économiques et environnementales suite aux phénomènes naturels et /ou anthropique s'expriment par les changements climatiques ,l'ensablement ,la sécheresse, la désertification et les pratiques cultures inadaptées avec le milieu face à cette situation catastrophique, qui menacent l'équilibre environnementale. a fait penser à protéger l'équilibre écologique de ces espaces à travers des stratégies visant principalement :

- ✓ la protection de la biodiversité
- ✓ le développement durable à travers le soutien d'économie solidaire et sociale.
- ✓ la préservation et la valorisation des ressources en eau
- ✓ la préservation du patrimoine architecturale et culture
- ✓ la durabilité des oasis, par le renforcement de la résilience des systèmes oasiens (ANDZOA)

- ## Le Contexte régional

Malgré la fragilité de la situation de l'oasis du bassin Gheris celle-ci toujours joué un rôle historique, écologique et stratégique face à l'avancée du désert. Néanmoins. Sous pression de plusieurs facteurs naturels et/ou humains, le système oasien a connu des mutations profondes matérialisées par le tarissement de la nappe, l'avancée de la désertification, l'ensablement, déclin des espaces agricoles, la mort des palmiers donc le résultat c'est la disparition des **espaces Phoenicicoles.**

- ## Choix du sujet

Le choix de l'oasis Tilouine comme une zone d'étude s'explique par les points suivants :

- ➤ l'entendue spatiale des mutations naturelles et anthropiques qui affectent l'oasis.

- ➤ Les cointarantes naturelles dues à des conditions régionales.

- ➤ Modernisation liée à des outils d'exploitation agricole.

- ➤ L'exploitation excessive et aveugle des ressources naturelles.

- ➤ Le rythme rapide de dégradation de milieu.

- ➤ Les changements d'organisation de paysage et d'espace phoenicicoles en général.

- ➤ Assèchement et la régression spatio-temporelle des nappes phréatiques.

- ➤ La disparition persistance des techniques traditionnelles d'irrigation

- ➤ Dysfonctionnement des khettaras à cause du surpompage

- ## Problématique

Le problème de l'eau est l'une des questions les plus importantes qui méritent la priorité dans toute politique de développement (Tribak et al,2018).

L'oasis de ''Touline'' comme toutes les oasis du Sud-est marocain, affronte ce genre de défis. En fait, la rationalisation et la bonne gestion des ressources en eaux de surface, comme sous-terraines devient de plus en plus une préoccupation et une nécessité dans un contexte global marqué par les effets des changements climatiques (Mahboub,2015) et régional marqué par l'aridité du climat et aussi la rareté des précipitations. Ainsi que la récurrence des périodes sèches et d'un contexte local marqué par la sur exploitation des ressources dans l'agriculture et des mutations socio-économiques et modes de vie qui consomment de plus en plus l'eau et augmentent, par conséquent les besoins en eau domestique et agricole.

A cet égard, la problématique axiale de cette étude peut être résumée aussi , **Comment les conditions naturelles et les facteurs anthropiques ont contribué à la dégradation de l'agrosystème au sien de l'oasis Tilouine .et quel sont les principales formes de cette dégradation ?**

La réponse à cette question reste largement tributaire à la réponse aux questions sous-jacentes suivantes :

- ➢ quel est la situation actuelle de l'oasis ?

- ➢ qui est le plus influence sur l'oasis ? le facteur climatique ou l'intervention anthropique ?

- ➢ la dégradation de Tilouine sont-elles dues à des facteurs climatiques ou humains ou le deux ?

- ➢ quelles sont les pratiques d'adaptations humaines au phénomène croissant de la désertification et régression des ressources en eau ?

- ➢ quelles sont les stratégies étatiques adoptées pour faire face à crise de dégradation des ressources, et quelles sont les modalités de leur préservation pour durabilité le patrimoine environnemental de l'oasis ?

- ➢ Quel est le futur de l'oasis sous ces multiples transformations et contraintes ?

- **Objectif général d'étude**

Les objectifs qui structurent notre recherche sont :

- ➢ Expliquer le rôle des facteurs climatiques et anthropiques et ses contributions dans la dégradation de l'oasis Tilouine.

- ➢ Mettre en évidence et diagnostiquer les manifestations de la dégradation de l'oasis, tant qualitativement et quantitativement.

- ➢ Déterminer le rôle des acteurs, à différent échelles dans la protection et la réhabilitations des oasis .

- ➢ Attirer l'attention des acteurs et des conseils locaux sur la situation catastrophique de l'oasis .

La méthodologie de travail :

Pour atteindre ces objectifs, ce travail adoptera une méthodologie pluridisciplinaire :

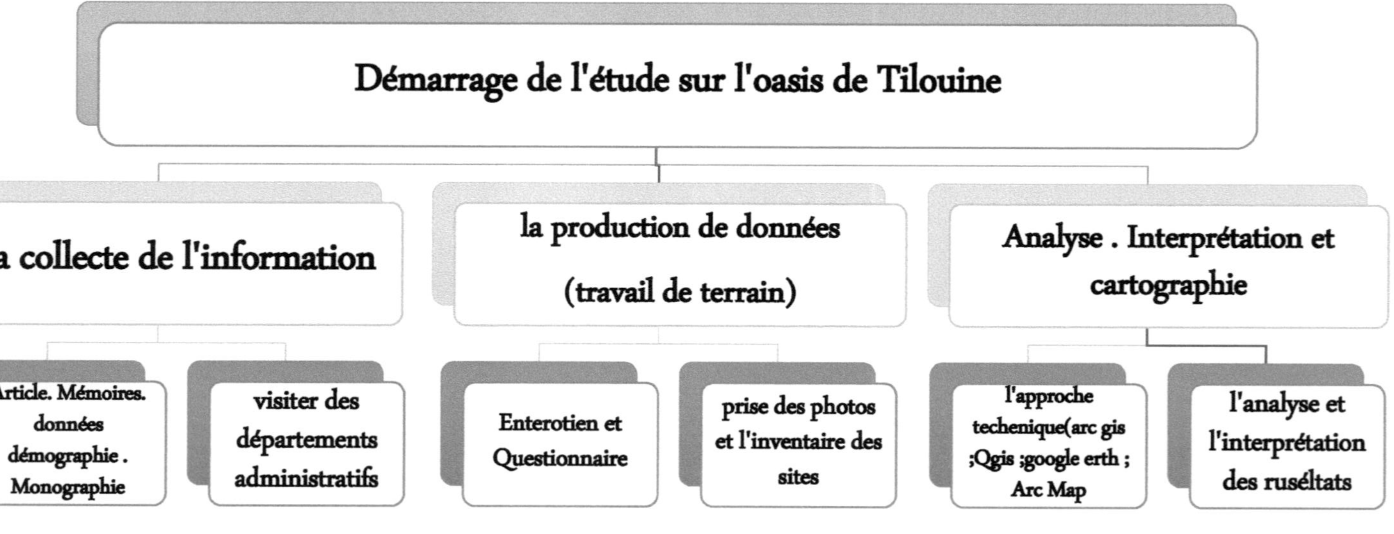

Figure 2 : Approche méthodologique adoptée dans la recherche

- **La collecte de l'information**

  -**les documents bibliographies**

Le travail bibliographique est considéré comme l'un des principaux piliers de toutes les études en géographie. Afin de connaitre les résultats les plus importants atteints par les chercheurs, dans le même domaine de géographie physique. Dans cette démarche, nous avons commencé en premiers lieux, à chercher les sources, et les articles, mémoires, thèses (Laaouane 2004,2017,2018 Akkaoui2006, kharamo1993, BenTalb2008, Akdim2012...) revues (oasis du Maroc espace-homme-développement durable. /géomagreb, Publication IRCAM2005[1],2009[2],2011[3],2018) Monographies existantes traitant les fondements physiques et les caractéristiques anthropiques (HCP) de la zone étude

➢ **Les établissements et les administrations**

Visites des établissements en relation avec la problématique traitée dans cette étude, à savoir :

➢ Office Régional de Mise en valeur Agricole du Tafilalet ORMVAT

➢ Agence du bassin Hydraulique -ABHGZR

➢ L'institut Régional de recherche agricole Errachidia -IRRA

➢ Coordination locale d'agriculture Goulmima

➢ Agence Régional des eaux et des forêts et à la lutte contre la désertification -CRFLCD

➢ Centre d'études et des recherches Tarik ben Ziad

➢ Commun territorial Gheris Es-soufli

➢ Commune Municipal Goulmima

➢ Centre PMARA Goulmima

➢ Association Arawn Gheris et Annakhil

➢ Agence de développement social ADS

---

1 IRCAM 2005, l'environnement au Maroc données historiques et perspectives de développement : le cas de la région du Dra-série colloques et séminaires N°9-Publication de centre des études historiques et environnementales 358p

2 IRCAM2009, l'environnement oasien face aux mutations économique et sociales : le cas de Figuig cordonné par Abdellah Salih et Hassan Ramou Publication de centre des étude historiques et environnementales296p

3 Hassan Rmou 2011 Les termes géographiques amazighes troisième fascicules publication CEHE-IRCAM N°27

- **La production de données :**

Travail de terrain

Le travail de terrain est une étape très importante dans les études géographiques. Cette étape se résume, par plusieurs sorties de terrain au sien Tilouine et ses environs pour explorer. Et quantifier la totalité du phénomène étudié et pour la prise des photos.

Questionnaire

Le questionnaire dans la recherche scientifique est d'une grande importance, l'un des outils les plus utilisés pour collecter des informations et des données sur le sujet de recherche.

L'objectif du questionnaire utilisé dans cette étude ont porté sur :

- Les ressources en eau utilisée et les techniques de mobilisation d'eau
- Les contraintes liées aux actions agricoles et ses sources
- L'inventaire et la quantification des risques sur le système oasien
- Le rôle des acteurs locaux régionaux et internationaux dans la protection et sauvegarde de l'oasis et patrimoine hydraulique
- la Concentralisation des exploitants et des exploitations

  La méthode de distribution a pris en compte deux points principaux :

  -le nombre des agriculteurs dans chaque ksar

  -le découpage approuvé par les administrations de l'état

Entretiens

L'entretien étape importante dans la recherche géographique, qui permettent d'obtenir des informations à la fois des personnes âgées, des acteurs, les habitas (les agriculteurs, 'Amghar '.... etc.)

L'objectif de l'entretien dans cette étude est de connaître toutes les transformations que la zone a subies au niveau de l'organisation spatiale ou de l'exploitation des ressources, ainsi que d'en quantifier l'impact Risques naturels sur les activités agricoles

- **Analyse, Interprétation et cartographie**

Après avoir collecté et organisé toutes les données par la bibliographie ou le questionnaire, cette partie est consacrée à l'analyse de ces résultats et j'ai organisé ce dernier en fonction de la structure de la recherche.

Les Approches

L'approche est la manière dont, un étudiant ou un chercheur aborde le sujet ou la manière dont un objet est avancé. Malgré la multiplicité et la différence des approches scientifiques qui sous-tendent les études géographiques, qu'elles soient quantitatives ou qualitatives. Dans ce travail, on se bornera seulement sur deux approches à savoir :

L'approche cartographique

La cartographie, est l'ensemble des études et des opérations scientifiques et techniques intervenant dans l'élaboration des cartes ou plans, à partir des résultats d'observations directes ou de l'exploitation, d'une documentation préexistante, travail de terrain, questionnaire. L'utilisation de l'approche cartographique dans cette étude et pour d'intégrer organiser et analysé les données collectées dans la zone étude.

- ✓ La localisation spatiale des phénomènes étudiés (les parcelles, la situation de l'irrigation, les systèmes d'agricultures...)

L'approche diachronique

Pour la réalisation de ce travail, nous nous sommes basés sur une approche dite diachronique, afin de reconstituer l'histoire de la zone d'étude, cette approche a pour objectif de retracer l'évolution de notre zone d'étude dans son intégralité et donc mieux comprendre les interactions entre les différents indicateurs (climatiques , hydriques n édaphiques ...) du système oasien

Système d'information géographique

Un système d'information géographique, ou SIG, est un système informatisé qui comprend une base de données sur un ensemble d'unités géographiques, et un logiciel ou un ensemble de logiciels permettant de gérer le stockage, la mise à jour, un accès efficace (facile, rapide et sûr) aux informations, le traitement et la représentation visuelle de ces données. La réalisation d'un SIG est une opération très lourde, elle se justifie pour des organismes ayant besoin d'opérations répétitives de mise à disposition rapide d'une information localisée » [BEGUIN, 2012 [2]].

- **Analyse conceptuelle**

Le titre de notre l'étude « l'eau et l'environnement des espaces phoenicicoles de Tilouine au moyen Rhéris Dégradation et Sauvegardes » contient certains concepts clés constituent la base conceptuelle de la recherche.

> **Agroécosystème**

Un Agrosystème est un écosystème créé par l'exercice de l'agriculture (cultures, élevage, échanges de produits ...). Un Agrosystème est donc contrôlé en permanence par l'homme. Ce sont des écosystèmes totalement artificiels où le temps de renouvellement de la biomasse est extrêmement court.[4]

➢ Aménagement

L'action et les pratiques de disposer avers ordre, à travers l'espace d'un pays dans une version prospective ; les hommes et leur activité. (Wikipédia)

➢ L'eau

L'eau est la source de vie des oasis. Les oasiens ont mis en place des systèmes ancestraux, élaborés de gouvernance pour la gestion de cette ressource essentielle, mais menacée.

➢ L'environnement

Le terme est employé surtout par les auteurs anglo-saxons, dans un sens voisin de milieu géographique.il s'agit du milieu naturel, mais aussi du milieu concret construit par l'homme, et encore tout ce qui affecte le comportement de l'homme (Georg,1970).

➢ Les oasis

Sont des espaces conçus par l'être humain, dans des environnements arides ou semi arides, tout au long de l'histoire de l'humanité. Le terme oasis vient de l'Égypte ancienne. Il désigne les lieux éloignés de la vallée du Nil échappant ainsi partiellement au pouvoir (Georg,1970).

➢ Phoenicicoles /Phœniciculteur

La culture du palmier dattier contribue de 20 à 60% au revenu agricole de plus de 1,6 millions d'habitants des régions pauvres des confins du Sahara (Georg,1970).

• La structure de l'étude :

Cette étude organisée en trois chapitres :

---

[4] https://www.dictionnaire-environnement.com/agrosysteme_ID4955.html (03.07/2021-16:50)

- ➢ **Chapitre I :** L'état de lieu et présentation de l'aire d'étude
- ➢ **Chapitre II :** l'espace phoenicicoles de Tilouine entre le climat et pression anthropique
- ➢ **Chapitre III :** les aspects de dégradation et le rôle des acteurs dans la conservation et l'aménagement de l'oasis

CHAPITRE I

L'état de lieu et présentation de l'aire d'étude

Tilouine « Oasis Ancien d'une Densité Importante et Ressources Fragiles »

1- Cadre géographique, administratif et limites de la zone d'étude.

2- Milieu physique (des ressources naturelles limitées).

3- La structure sociale et le contexte socioéconomique.

1- Cadre géographique, administratif et limites de la zone d'étude

Le présent chapitre est principalement diagnostique, il introduit la localisation et les limites de la zone d'étude ainsi que ses principales caractéristiques naturelles et anthropiques.

Le chapitre comprend deux axes : le premier est consacré à l'étude des caractéristiques physiques de l'oasis, à savoir, le contexte topographique, géomorphologique, climatique, hydrologique et le couvert végétal ...

etc., quant Au deuxième axe, il est consacré aux caractéristiques anthropiques et présente ainsi la structure démographique et les aspects socio-économiques de la population de l'oasis.

Ces deux composantes (physique et humaine) jouent un rôle important dans la dynamique de l'oasis, leur étude nous permettra de comprendre la relation qui les lie, et comment l'homme s'est adapté aux conditions naturelles et comment sa vie s'est articulée autour de deux éléments déterminants la terre et l'eau **(Ouhajou, 1996)**.

1-1- Situation géographique de la zone d'étude Tilouine

La zone d'étude fait partie de l'espace phoenicicoles de la zone sud atlasique. Elle appartient au domaine du grand Tafilalet. En fait, le terme « Tafilalet » désigne toutes les oasis que forme l'oued ziz depuis sa sortie de l'atlas. Elle englobe les parties aval des bassins fluviaux ZGR. Le terme « Tafilalet » désigne aussi la seule zone d'épandage du Ziz-Rhéris c'est-à-dire une plaine de quelque 20 km de long sur 15 de large et occupés d'environ 200 ksour **(Gerhard, 1910)**, parmi lesquels figurent cinq ksour de la zone d'étude « Tilouine ».

En effet, l'espace de Tilouine correspond à une palmeraie couvrant une superficie de 288,58 km2(5), elle fait partie du bassin du moyen Rhéris et plus précisément du sous bassin de L'Hamida. Les limites géographiques de la zone d'étude se situent entre les parallèles 31°35' et 31°40' de latitude nord et les méridiens 4°45' et 4°50' de longitude de l'ouest. Elle est limitée au nord par la hamada de Meski, au sud par l'extension de L'Anti-Atlas, à l'ouest par le versant sud-est du Haut Atlas et à l'Est par chaâba d'Ain s'affia .

1-2- Situation administrative de Tilouine

5 Selon le dahir chrif de 12 rajab 1342- 18 fevrier 1924 et monographie de goulmima

Selon le découpage administratif du Maroc de 2015, la zone d'étude (figure4), appartient à la région du Draa Tafilalet. Elle fait partie de la province Errachidia, cercle de Goulmima et occupe plus précisément la partie orientale de la commune territoriale de Gheris Es-soufli. Celle-ci a été créée le 26 Octobre 1992, et couvre une superficie totale d'environ 652 km^2(coordonnées Lambert $450 < x < 572$ et $112 < y < 136$). La commune est délimitée par :

- Municipalité de Goulmima et commune de Gheris El Ouloui au Nord

- Communes de Mellab et commune de Fezna au Sud

- Communes de Ferkla à l'Ouest

- Commune de Lkheng à l'Est

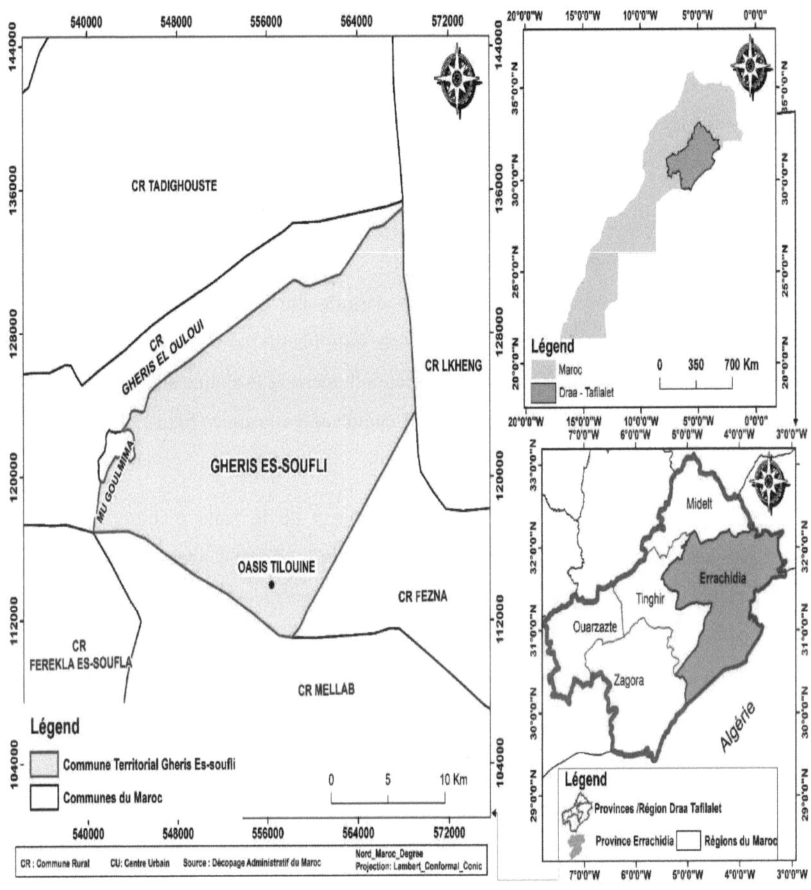

Figure 4 : Localisation administrative de l'oasis de Tilouine

2- Milieu physique (Des ressources naturelles limitées et menacées)

Les caractéristiques naturelles, de l'espace géographique joue un rôle majeur dans la détermination de sa contribution à l'installation et à la stabilité humaine. En effet, l'identification et le diagnostic du milieu physique acquièrent une plus grande importance puisqu'ils contribuent dans la compréhension de l'interaction entre l'être humain et son milieu.

2-1- Le contexte orographique

De point de vue topographique la zone d'étude fait partie du relief sud atlasique qui chevauche sur quatre unités contrastées et bien individualisées et marquées par de grandes étendues arides. Ces unités sont constituées essentiellement de la chaine haute atlasique, la plaine de Rhéris, la hamada et la partie orientale de la chaine anti atlasique (figure5) :

2-1-1- la chaine haut-atlasique

Cette unité orographique occupe la partie ouest de la zone d'étude, elle correspond essentiellement au haut Rhéris, son relief culmine environ 1777m à Aaabast **(Ruhard,1977)**. Le relief du Haut Atlas, ici, est constitué de plis jurassiens assez réguliers fréquemment rompus par des failles, des anticlinaux allongés et dissymétriques qui succèdent aux synclinaux très larges à allure de cuvettes **(Baki,2017)**.

2-1-2- La plaine de Rhéris (partie du sillon sud atlasique)

La partie septentrionale de la plaine de Tafilalet, correspond à une avant-fosse située entre les domaines du Haut Atlas et de l'Anti-Atlas. La limite entre cette unité et la précédente s'individualise par l'accident sud atlasique qui se traduit par un réseau de failles et des chevauchements, mais elle peut être en partie recouverte par les sédiments du sillon sud atlasique qui s'intègrent parfois au domine atlasique **(Boukil et al 1993)**.

En fait, la plaine de Rhéris, zone déprimée centrale, où la couverture secondaire et tertiaire est importante, présente une forme tabulaire, souvent surmontée de regs quaternaires. En raison de sa nature topographique simple, cette unité connait une large extension des activités agricoles, pratiquées par les habitants oasiens notamment l'oasis de Tilouine et ses environs.

2-1-3- La Hamada

Les hamadas sont de grands plateaux pierreux, mis en relief par l'érosion partielle de la couverture sédimentaire, secondaire ou tertiaire **(Khermo,1994)**. Elles sont formées de dépôts détritiques on cite dans notre région d'étude la hamada crétacée de Meski. Les plus hauts sommets de cette hamada sont estimés à 1182m à Assmeur n'tilouine et Jbel Ghris, et à 1146m à Iwaliwne (figure3).

2-1-4- L'Anti-Atlas

Cette dernière unité étend selon une direction sud-ouest – nord-est sur 630 km de long pour une largeur de l'ordre de 130 km6, **(Yves ,2006).** Elle forme l'extension de l'Anti-Atlas au sien de Rhéris. Ses formations sont constituées par des matériaux résistants du précambrien, du cambrien et de l'ordovicien. **(Ruchard,1977 ; DRH GRZ, 2018)**

---

6 **Yves Missenard,2006'le** relief des atlas marocains : contrition des processus asthénosphériques et du raccourcissement crustal, aspects chronologiques ' thèse de doctorat de l'université de CERGY-PONTOISE sous la direction de Dominique Frison de Lamotte et pascale Leturmy-p51—(237p)

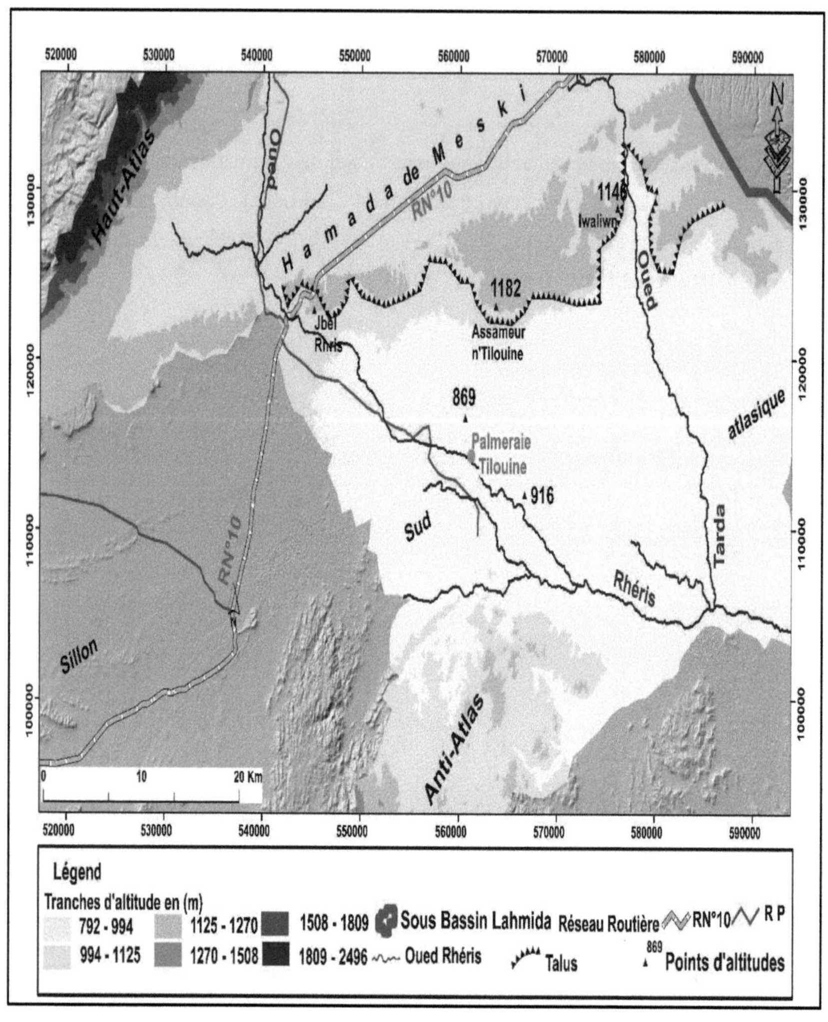

Figure 5 : Carte orographique du Moyen Rhéris (MNT du Maroc 30m)

Les résultats tirés de ce survol topographique du relief de la zone d'étude mettent en avant des caractéristiques altitudinales contrastées. Ce contraste se montre dans la nette différence entre la zone basse de la plaine située entre 792m sur les bordures de l'oued Rhéris et celles élevées des marges situées à 2496m d'altitude dans la région de Tadighoust. Sur le plan surfacique, les tranches d'altitudes basses entre 792m et 994m, représentent la partie la plus grande du bassin, suivies des tranches d'altitude entre 1125m et 1508m qui occupent la majorité du nord au niveau de la hamada crétacée de Meski et la frontière sud de l'anti atlas, au niveau de Jebel Ougnat, en fin les tranches d'altitudes supérieures à 1508, occupent la partie nord-ouest du bassin au niveau du Haut Atlas. Ce contraste d'altitude joue un rôle important dans la répartition spatiale des éléments climatique notamment les précipitations et la température.

2-2- Le contexte géologique et géomorphologique

2-2-1- le contexte géologique

L'étude des caractéristiques géologiques est une étape essentielle dans les études géographiques naturelles (**Risse1995**). En générale, la géologie joue un rôle important à la fois dans la distribution de la couverture végétale et aussi dans la détermination du type de sol (pour les activités agricoles), etc. Elle influence aussi le mouvement de l'eau au-dessus du sol et son infiltration vers les aquifères profonds pour alimenter les nappes phréatiques. La synthèse des travaux antérieurs montre que de points de vue géologiques, les terrains de la zone d'étude sont localisés entre les massif précambriens et primaires de l'anti atlas orientale (Ougnat), les formations jurassiques du Haut Atlas (**Choubert et al, 1848 ; Joly 1962 ; Ruhard, 1977 ; Khermo1994 ; Laaouane,2004 ; Kabiri,2005 ; ABH ZRG,2018 ; Baki, 2017**) et les formations crétacées de la hamada de Meski. Une illustration cartographique de ces terrains est montrée dans (la figure 4,5), de celle-ci en distingues la litho stratigraphie suivante.

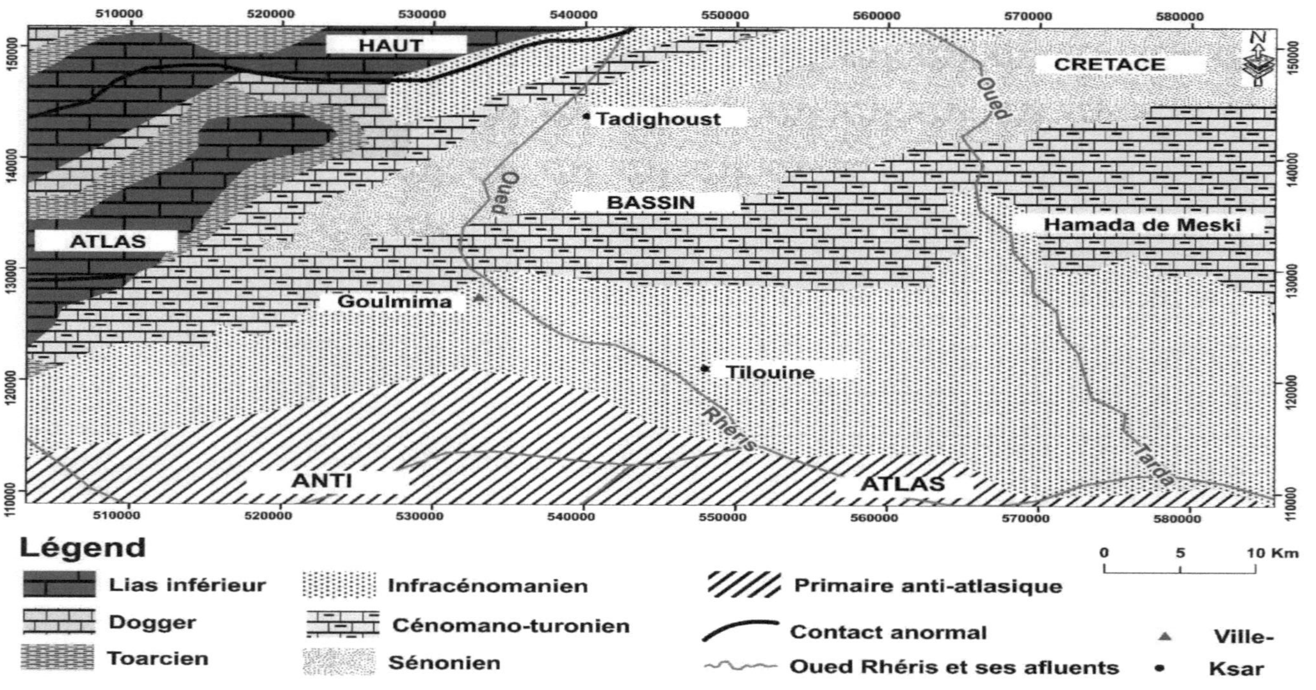

Figure6 : Carte des compartiment géologiques du Sud-Est marocain (carte géologique du Maroc Shp géo Maroc

a- Litho stratigraphie du compartiment haut atlasique

-Trias :

Le trias est constitué dans le Haut Atlas oriental essentiellement par des marnes roses et vertes, des grées rouges. Il existe également des formations argilo-marneuses le plus souvent salifères et des dépotes évaporitiques surtout gypsifères.

-Lias inférieur

Le lias inférieur calcaro-dolomitique constitue le niveau présentant la plus grande continuité. Il donne à la chaine atlasique (Haut-Atlas) ses formes structurales en arêtes redressées de calcaires massifs dolomitique.

-Dogger

Le dogger débute par la transgression aalénienne qui donne naissance à des rivages au sud dépassant légèrement l'accident sud atlasique, dans la zone saharienne, les faciès deviennent clairement néritiques et les calcaires dominent tout l'étage.

-Toarcien

Il affleure dans la région du Tadighoust où il est caractérisé par des alternances marno-calcaires. L'affleurement du Toarcien ici à Tilouine est formé principalement de marnes vertes avec des interlits marno-calcaires.

b- Lithostratigraphie du compartiment sud atlasique

-Infracénomanien

Le jurassique supérieur continental de faciès rouge est difficile à distinguer de la base du crétacé. Il a donc été intégré, du point de vue lithologique, dans l'infra-cénomanien. Ce dernier correspond à un ensemble continental détritique formé de couches rouges argilo-gréseuses, l'épaisseurs de l'infra-cénomanien entre 300à400 m à l'Est de Tadighoust (Figure 4)

-Cénomano-turonien- (hamada de Meski)

Après la régression albienne et le début du cénomanien, les mers (atlantique et méditerranéenne) se rejoignent dans le sillon sud atlasique où se développe la plate-forme cénomano-turonienne, à l'affleurement le cénomano-Turonien est formé par des bancs calcaires reposant directement sur les argiles rouges à gypse, au sommet de la série crétacée, des dépôts détritiques fins surmontent les calcaires turoniens.

-Sénonien

Il est composé de formations continentales gréso-argileuses très hétérogènes, comportant du gypse et de l'anhydrite, dont l'épaisseur varie de 70 m à l'est et 500m au nord. Il correspond à un épisode régressif marquant le passage d'une sédimentation proprement marine à une sédimentation lagunaire et continentale, qui marque la fin d'un cycle sédimentaire.

c-Lithostratigraphie du compartiment anti atlasique

L'Anti-Atlas oriental se distingue du reste de reste de l'Anti-Atlas, notamment par des faciès récifaux et des Mud-mounds **(Yves,2006)** et par de brusques variations de subsidence et de faciès, accompagnées, de discordances internes considérées comme le début d'une forte dislocation de plate-forme anti atlasique. Les terrains de cette unité géologique sont dominés par les formations magmatiques et métamorphiques que surmonte une couverture sédimentaire gréseuse plissée.

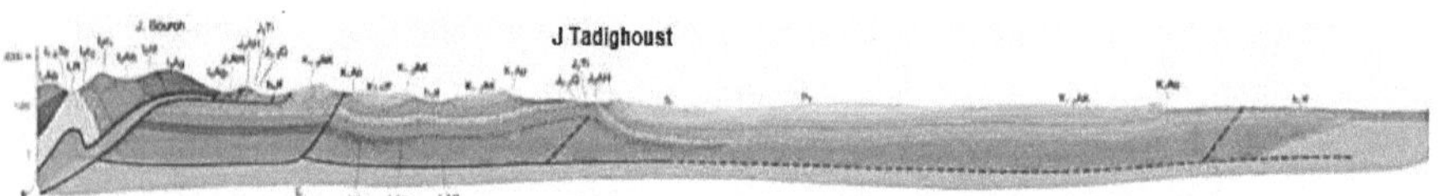

Figure 7 : Profail géologique dans la zone d'étude (NO-SE) (carte géologie de goulmima 1/100000)

La principale conclusion qu'on peut tirer de cette analyse lithostratigraphique de la zone d'étude concerne la diversité des formations géologiques. Leur diversité influence sur le comportement hydrologique de l'oued Rhéris, ainsi que son rôle dans la détermination des formes et les degrés d'alimentation des nappes à cause de la variabilité de l'imperméabilité et la capacité d'emmagasinement de l'eau au sien des déférentes formations.

De ce fait, les formations géologiques de la zone d'étude sont responsables de la grande extension des nappes souterraine. Des nappes profondes qui permettent d'assurer la sécurité en eau dans la région et de satisfaire tous ses besoins à la consommation domestique et de développer certaines extensions agricoles qui prennent de plus en plus de l'ampleur.

2-2-2- le contexte géomorphologie

Les modelés de surface hérités des systèmes morphoclimatiques du Quaternaires, sont issus d'une évolution morphogénétique commune. Aux modelés, étagés ou emboîtés, des terrasses et glacis terrasses des vallées et des dépressions s'ajoutent les piémonts façonnés en glacis et glacis cônes, qui sont fréquemment recouverts d'un encroûtement calcaire différencié selon leur chronologie (Joly, 1962), puissance, répartition et nature lithologique. L'inventaire des modelés quaternaire ci-dessous est le fruit de l'analyse des cartes géologiques et des synthèses des travaux géomorphologiques antérieurs (figure 5,6).

a-Reg

Dans les zones d'étude comme toutes les zones désertiques, les vents arrachent aux reliefs divers matériaux meubles et secs de petite taille **(El Gharbaoui et *al.*, 1987)**. Cette activité éolienne, finie par la formation des regs caillouteux. Ces nappes de cailloux non alluviaux qui peuvent s'assimiler à des nappes d'éboulis, très plates et à pente très faible, et dont l'épaisseur est insuffisante pour modifier la forme concave du substratum qu'elles recouvrent. Les regs prolongent d'ailleurs des cônes d'éboulis proprement dits, aux pieds de reliefs plus importants ou bien ils passent à des glacis d'érosion dénudés.

Photo 1 : le reg à l'oasis de Tilouine (cl Ouali 2021)

b- les éboulis et masses glissées : Les masses éboulées à gros éléments peuvent être rapprochées par leurs constituants de la « haute terrasse quaternaire »

c- les nappes alluviales : Correspondent principalement aux dépôts du quaternaire récent (soltanien) façonnés par l'évolution morphologique post-soltanienne et actuelle, mais incluent en outre les dépôts Fulvio-lacustres du quaternaire moyens recouverts par les précédents, ils ne peuvent donc plus constituer une terrasse.(figure 7,8)

d- les terrasses : Les terrasses ce sont des surfaces de dépôts alluviaux étagés et dégagés par l'érosion, souvent appuyées contre le substratum primaire ou crétacé qui dominent les plaines limoneuses par une petite falaise

e- les plateaux de dépôts lacustres : Ce sont des calcaires lacustres du quaternaire ancien et moyen forment parfois des entablements limités par de petites falaises

f-les dunes du sable : Il s'agit d'accumulation de sable résultant par l'érosion et du transport éoliens. Ces dunes se trouvent au sien de Tilouine au niveau de Tarza, Tizourine, Tassammate. Les amas dunaires du bassin sont de faible étendue (barkhanes ou faisceaux de cordons dunaires)

Photo 2 : Dune de sable à coté de Kh moulay hacham (cl Ouali,2019)

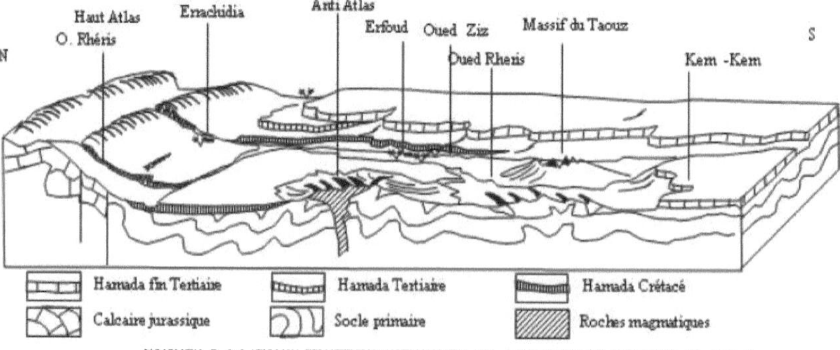

Figure 8 : Unités morpho-structure du Tafilalet (Kabiri et al,2013

D'après cette étude du modelé géomorphologique (figure8,9)de la zone d'étude, on a constaté une diversité des unités géomorphologiques toutefois, les activités agricoles au sien de l'oasis sont pratiquées essentiellement sur les basses terrasses qui s'étendent souvent aux contrehaut des lits des oueds. D'autres niveaux sont très peu aménagés pour des raisons de leur faible potentiel en sols et leur accessibilité pour l'irrigation.

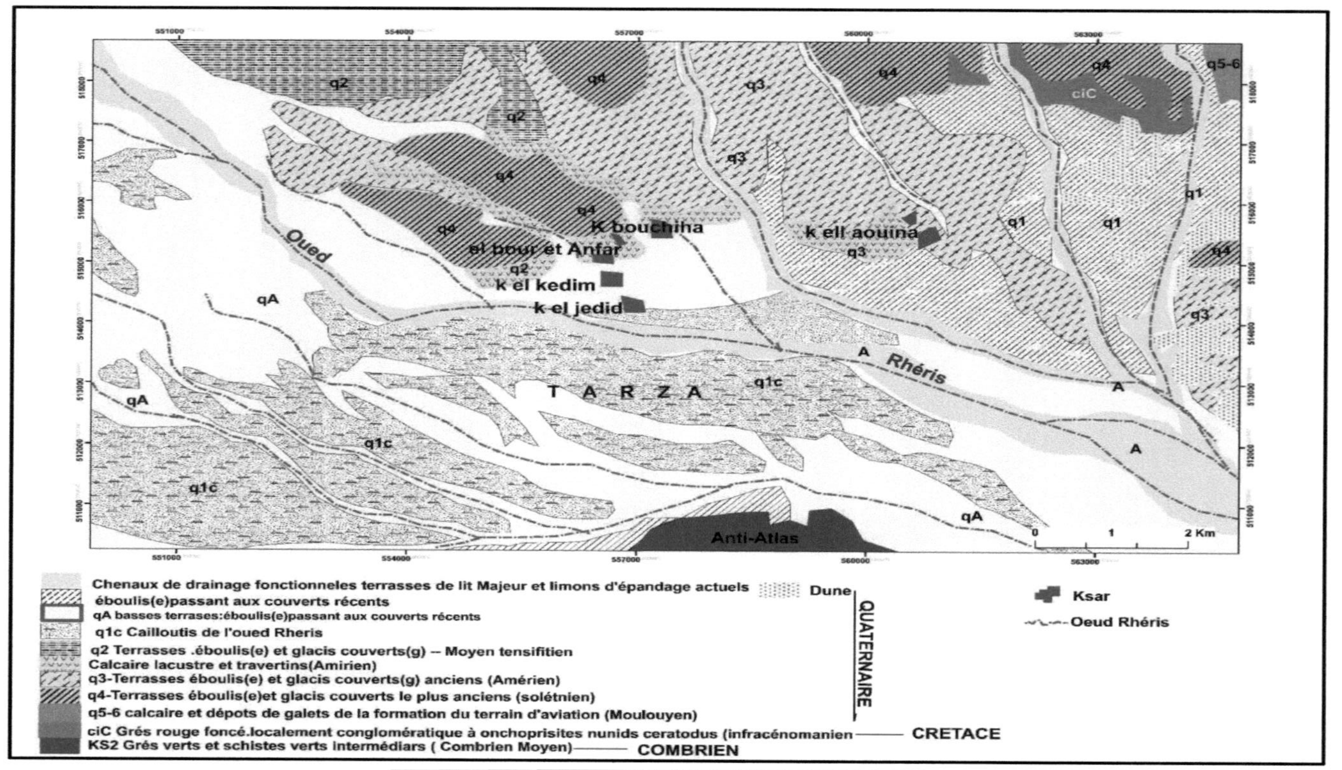

Figure 9 : Principale unités géomorphologiques constituantes de la zone d'étude (carte Toudgha-Tinghr 1/500000)

32

2-3- Contexte pédologique, varié et fragile

Dans les oasis, le sol n'est pas évoqué comme source de vie autant que l'eau **(Kabiri et *al.*, 2013).** Les sols de la région sont essentiellement des sols minéraux bruts et des sols peu évolués. Leur couverture pédologique n'est pas organisée de la même manière pour toutes les palmeraies et au sein même d'une seule palmeraie. Elle est caractérisée par un cloisonnement sédimentaire. Cet héritage sédimentaire est organisé en domaines pédologiques, selon l'agent de transport des particules : un agent principal fréquent qui est le vent et un agent secondaire périodique qui est l'eau des crues des oueds. D'après la carte ci-après (figure 10) on peut distinguer les types suivants :

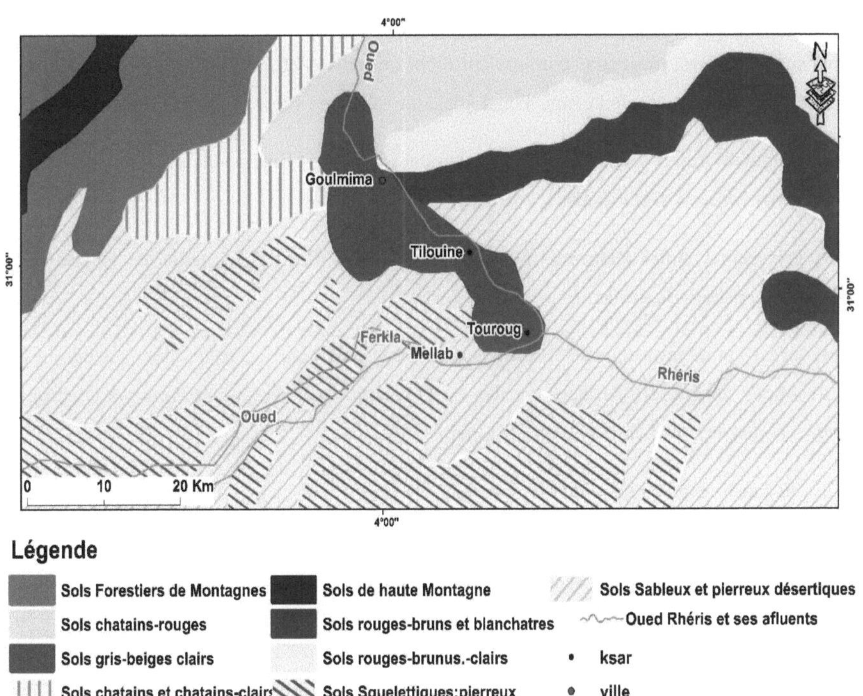

Figure 10 : Types des sols dans la zone d'étude

a- Sols châtains et châtains clairs des espaces dénudés et érodés des hauts-plateaux du Maroc oriental avec l'horizon encrouté développé principalement sur roches mésozoïques (du crétacé et jurassique) portant Artemisia herba alba.

b- Sols châtains -rouges châtains-clairs et les autres sols de vallé de la Moulouya à horizon encrouté ou à concrétions de bieloglazka et bielovatitza sur dépôts d'aspect lœssique, souvent durcis par cimentation, portant ; stipa tenacissima.

c- Sols rouges-bruns, bruns-clairs et roux sablo-pierreux, désertiques des hauts-plateaux méridionaux-hamada-sur terrain des « gour » avec une végétation très raréfiée-Acacia et autres.

d- Sols sableux et pierreux désertiques rouges-bruns ; jaunes-bruns et blanchâtres des espaces dénudés du tertiaire et du Quaternaire, des bassins des Draa, Douara et autres avec une végétation saharienne raréfiée.

e- Sols squelettiques, pierreux -pierreux sur roches éruptives et paléozoïques des montagnes dénudées et désertiques de la zone Trans-atlasique avec une végétation désertique très rare.

f- Sols rouges-bruns et blanchâtres principalement pierreux et limono-pierreux sur roches du crétacé des espaces désertiques

g- Sols gris-beiges clairs (sierozems) des oasis sur dépôts d'aspect lœssique des vallées des oueds et des dayas du désert.

h- Sols forestiers de montagnes sols rouges, sols bruns et sols carbonatés érodés squelettiques, entrecoupés de grandes surfaces rocheuses de calcaire mésozoïque et couverts de forêts sèches composées principalement de juniperus phoenicea.

i- Sols de haute montagne podzols (rares), sols podzolisés et sols régénérés, portant des juniperus thurifera (en voie de disparition) et, en association variée, genets. (Carte du sol de Maroc 1/1500000)

2-4- Couverts végétaux, composés principalement par ''Xérophytes''

Les formations végétales, jouent un rôle important dans la protection du sol contre l'érosion, ainsi que dans la création des conditions favorables à la fertilité du sol et l'infiltration des eaux ruisselées, qui peuvent alimenter les réservoirs d'eau souterraine. La répartition spatiale de la couverture végétale dans notre air d'étude est soumise à la combinaison des facteurs climatique et pédologique (kabiri,2013).

Dans l'oasis de Tilouine comme toutes les régions prédésertiques en générale, la couverture végétale est rare, un constat qui résulte de multiples facteurs climatiques (la rareté des précipitations, des fortes température et évaporation élevées) et pédologiques (diminution du taux de matière organique dans le sol). Toutefois, on peut constater que le couvert végétal de la zone d'étude est dominé par les espèce suivantes :

Le palmier-dattier *(Phoenix dactylifera* L.)7(nakhla)

Cette espèce se trouve au sien de l'oasis-photo 2 (les parcelles et lits majeurs de l'Oued Rjjal), c'est une plante *monocotylédone* de la famille des *Arécacées* (Palmiers) et de la sous-famille des *Coryphoideae*. Dans les partis agricoles de l'oasis de Tilouine comme ailleur, le palmier (qui n'est pas un arbre à proprement parler) domine la strate arborée des arbres fruitiers qui poussent à son ombre et qui, eux-mêmes, couvrent des cultures maraîchères, fourragères, voire céréalières. Ces variétés agricoles forment un paysage agraire en trois strates qui caractérise les oasis du sud-est marocain. La ou les parcelles ne sont pas cultivée le palmier forme la seule occupation agricole et apparait isolé comme une espèce à l'état spontané (ou sauvage), chose qui n'est pas vrai puisque c'est une plantation pratiquement humaine.

- Le Tamaris ([Tley]**)**

C'est une espèce d'arbuste de la famille des Tamaricacées. C'est un arbre à fleurs printanières de couleur rose ou blanche. Il possède un feuillage caduc et vert, ses petites feuilles sont semblables à celles de certains conifères, feuilles molles et écailleuses. C'est un arbuste touffu qui s'élève jusqu'à cinq mètres de hauteur. Cette espèce se trouve dans différentes zones à l'intérieur et à l'éxtérieur de l'oasis, ainsi qu'à côté de khettara A'aghroud. Les racines de tamaris sont utilisées comme une

---

7 Tela Botanique ,-- *http://www.floramaroccana.fr/la-flore.html* --,FLOR PRATIQUE DU MAROC volume 3 Institut Scientifique, Université Mohammed V-Agdal, Rabat

barrière écologique contre la progression des dunes de sable vers les parcelles des agriculteurs. Photo 4

- **Le Jujubier (sadra)**

Il s'agit d'une espèce de Ziziphus, en forme d'arbuste atteignant 3 mètres ou plus de haut, se ramifiant pour former un fourré.

-Le Harmala Peganum (harmal)

Le harmal est une plante vivace, de souche ligneuse, de 40 cm de haut. Les feuilles alternes vert glauque, sont divisées en lanières étroites. Elles émettent une odeur désagréable quand on les froisse. Les fleurs de 2 cm possèdent 5 pétales blanc-jaunâtre, 10 à 15 *étamines* à filets très élargis à la base.(photo3)

- L'Olive

C'est une espèce d'arbres ou d'arbustes de la famille des Oléacée répandue à dans le bassin méditerranéen et au nord de l'Afrique, comme en Asie et en Europe. C'est une variété qui a été domestiquée et cultivée pour devenir l'olivier. Au cours de l'histoire de la botanique, de nombreuses sous-espèces ont été décrites.

Généralement, les plantes décrites et d'autre plus rares rencontrées dans la zone d'étude et caractérisant les régions prédésertiques, sont des espèces qui s'adaptent à l'aridité de multiples façons, à la sécheresse de l'air, à la lumière, aux fortes chaleurs, et aux vents fréquents qui activent la transpiration. Ce sont des espèces qui ont de faibles besoins en eau (**T terrain,2021**).

Photo 3: **Le palmier-dattier** (Cl ; Ouali,2021)

Photo 4: **Le Harmala Peganum (harmal)** (Cl ; Ouali,2021)

Photo5 : **Le Tamaris** (^{Tley}) (Cl ; Ouali,2021)

2-5 contexte climatique, aride

Le climat la région d'étude est de type aride à désertique, à forte influence continentale comme le montre les données climatiques des stations (L'Hamida, Tadighoust, Merroutcha). La pluviométrie annuelle variée entre, 100mm et 200mm au nord de la zone d'étude dans la chaine atlasique et diminue jusqu' à 70mm vers le sud. En plus de l'irrégularité spatiale, les précipitations dans la zone d'étude sont aussi caractérisées par une irrégularité temporelle.

Pour les températures, elles sont généralement fortes, leurs moyennes annuelles varient entre 5°C en hiver et plus 44°C en été. Elles sont responsables d'une forte évaporation, ainsi, l'évaporation potentielle moyenne annuelle s'élève à 2500 mm/an et l'évapotranspiration potentielle annuelle moyenne est de l'ordre de 1200mm. Une analyse détaillée des différents paramètres climatiques sera abordée dans les chapitres suivants.

2-6 contexte hydrologique

L'hydrologie de l'oued Rhéris comme les autres oued sahariens et présahariens est caractérisé par un bilan hydrologique déficitaire et par des phénomènes hydrologiques exceptionnels commandés par l'irrégularité des précipitations et la forte évapotranspiration (**Obda et *al,* 000**). L'oued Rhéris par conséquent est marqué par la succession de quelques crues violentes et sporadiques séparées par de longues périodes d'étiage ou le lit peut devenir pratiquement sec.

5-6-1 Le bassin versant de l'oued Rhéris :

Le bassin versant de Rhéris fait partie de l'unité des bassins de Guir-Rhéris-Ziz et Maider. Il est localisé dans la partie sud-est du Maroc entre les coordonnées Lambert (Maroc Nord) X : 447098 à 616478 et Y : 11792 à 179719. Le bassin est limité au Nord et à l'Est par le bassin versant de l'oued

Ziz, au Nord-Ouest par le bassin de l'Oum Er Rbia, à l'Ouest par le bassin du Draa et au Sud par le bassin de Maider.

Dans le détail le bassin versant de Rheris se compose de trois de trois grands domaines

- Le haut-Rhéris : la zone septentrionale située dans le haut Atlas (cercle ait Hani et assoul)

- Le moyen Rhéris : la zone centrale, qui comprend à la fois Tadighoust Goulmima, Tilouine, Malleb, Arfoud

- Le bas Rhéris : il comprend toutes les zones situées après de Jorf jusqu'à sa confluence avec l'Oued Ziz.

5-6-2 Les caractéristiques morphologie du BV de Rhéris

Les caractéristiques morphologiques d'un bassin versant influencent sa réponse hydrologie et notamment le régime des écoulements en période de crue **(ABH2018).** L'influence concerne essentiellement l'écoulement, car de nombreux paramètres hydrométéorologiques varient avec l'altitude (précipitations, température, etc). D'après l'étude du schéma directeur d'aménagement du bassin Rhéris, les caractéristiques du bassin de Rhéris se résument comme suite (Tableau1).

Nom du bassin	Rhéris
Oueds principaux	Rhéris, Ferkla et Todgha
Superficiel Totale	12672 Km^2
Altitude Moyenne	2014,5 m
Pente moyenne	11,30%
Pluie moyenne	Entre 200au nord et 70mm sud
Apport naturel	150 Mm^3
Pénitentiel pluviométrique	1472 Mm^3
Lame d'eau écoule	11 mm
Coefficient d'écoulement d'eau de surface	10,2%
Superficie Irriguée	15260 Ha
Consommation en eau de surface	119Mm^3

Tableau 1: les caractéristiques du bassin oued Rhéris (PDAIRE GZRM 2018)

En termes de la contribution des affluents, le bassin versant de Rhéris peut être divisé en quatre sous bassins qui sont : le sous bassin de Tadighoust, celui de Merroutcha, celui de l'Hamida-conflunce

Maider et en fin le sous bassin de Tadighoust-Merroutcha-L 'Hamida, ce dernier appartient au domaine d'études.

Le sous bassin du Tadighoust-Merroutcha-L Hamida s'étend sur une superficie de 3047 km^2 (figure, Tableau), entre les coordonnées Lambert (Maroc Nord) X : 510000 à 600000et Y : 100000 à 160000. Il est limité au Nord par le sous bassin de Tadighoust et Ziz à l'Est, est l'Hamida au sud, et l'ouest par le sous bassin de Merroutcha (Figure 9, Tableau 2),

Superficie Total	3047 km^2
Altitude moyen	1074,86
Pente moyen	7,05%
Pluie moyen	105 mm
Apport naturel	27 Mm^3
Potentiel pluviométrique	320 Mm^3
Lame d'eau écoulée	8,9 mm
Coefficient d'écoulement d'eau de la surface	8,4%

Tableau2 : les caractéristiques de sous bassin Merroutcha-Tadighoust-L 'Hamida

(source :ABH,2018)

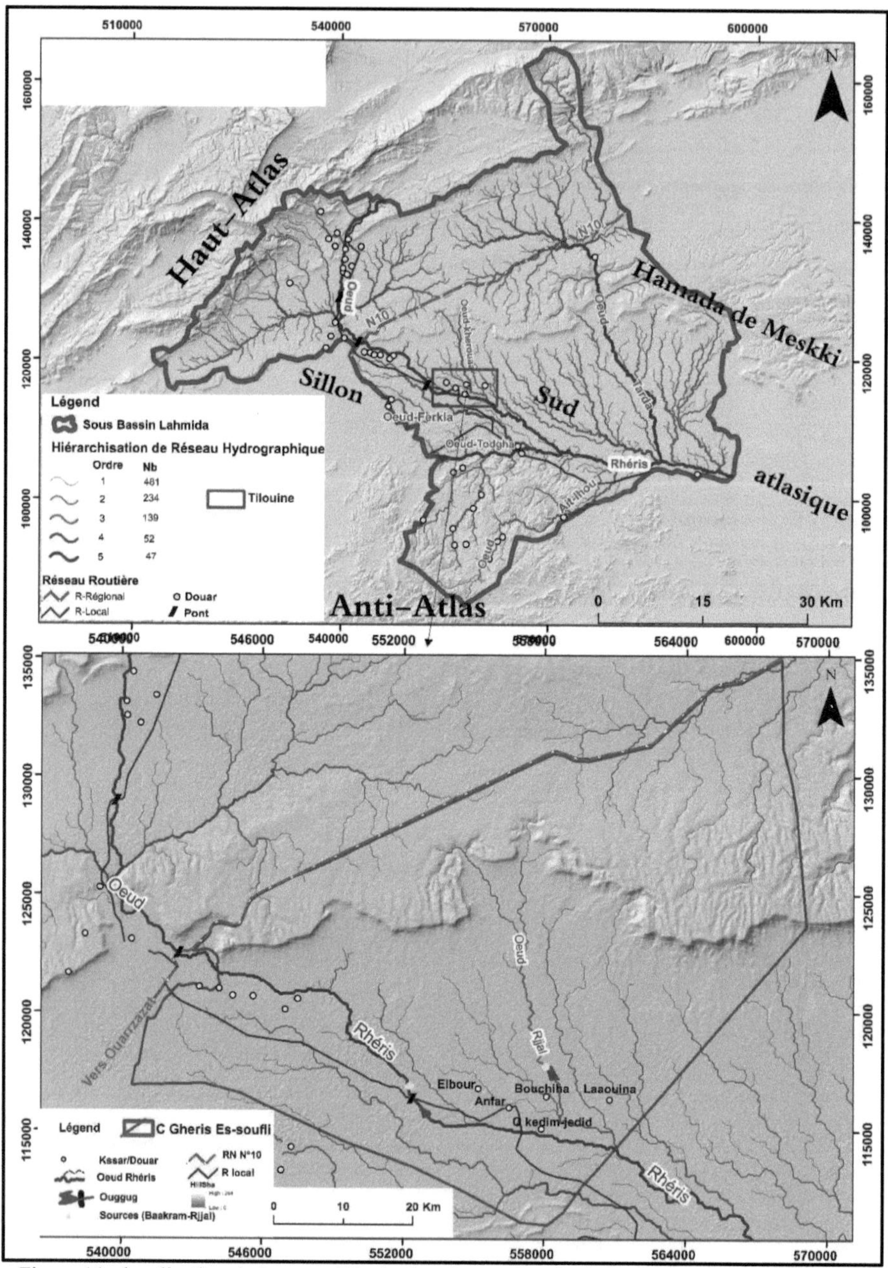

Figure 11 : localisation de la zone d'étude dans le sous bassin de Tadighoust L'Hamida, Merroutcha (T, Personnel MNT du Maroc)

Au niveau de Tilouine le réseau hydrographique est formé par un groupe de différents oueds et chaabas ramifiés qui confluent aux artères principales.

L'oued Rhéris forme la principale artère, elle prend une direction NO-SE sur environ 240km de long (ABH, 2018). Cette artère traverse la zone d'étude sur environ 60 km.

Le Rhéris est drainé par un réseau hydrographique très dense et hiérarchisé, il débute par des ravins et torrents sur les versants et qui forment de plus en plus vers l'aval les principaux affluents qui aboutissent en fin dans le collecteur principale.

Dans la partie atlasique (la zone septentrionale), le réseau hydrographique est conditionné par des pentes fortes (figure11) et par une alimentation en eau relativement abondante sous forme de neige les principaux affluents de cette partie sont O Akka n-ouaoulzi, mais à la vallée du bassin les pentes sont moins accusées jusqu'à Goulmima et encore plus faibles vers Rissani.

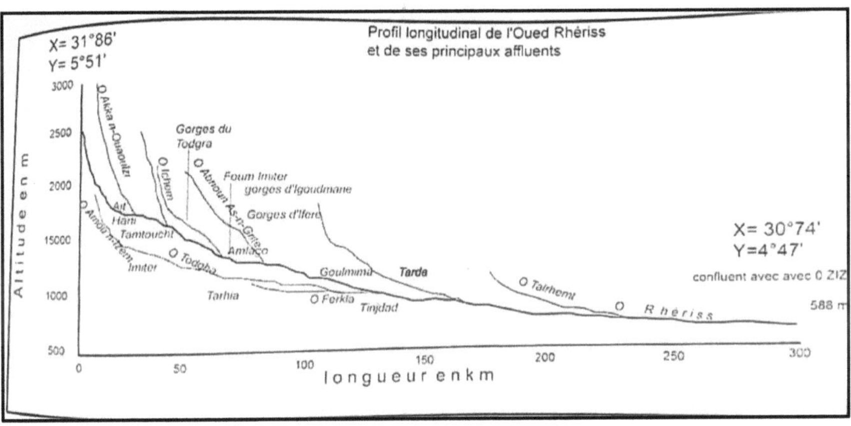

Figure12 : le profil longitudinal de l'oued Rhéris (CHANYOUR,2019)

Ainsi de la variation de la pente du cours principale du Rhéris, on peut distinguer entre trois secteurs distincts (Figure12) :

Le cours d'eau supérieur : ici, l'oued Rhéris traverse la zone selon une direction Ouest-Est. L'écoulement est temporaire en fonction des précipitations reçues par cette partie du bassin, mais il reste la partie la plus alimentée.

Le cours d'eau moyen : correspond à la partie située à la sortie de la chaine atlasique, c'est ici ou Rhéris, rçoit Oued Rjjal son principal affluent dans la zone d'étude. Ce dernier divise l'oasis de

Tilouine en deux zone (Tilouine Nord et Tilouine Sud). Oued Rjjal comprend un ensemble des sources drainants permanents le débit moyen est estimé en 15l/s (ORMV AT)

Le cours d'eau inférieur : de direction générale Nord-sud, il correspond à la partie aval de l'oued.

2-7 Les eaux souterraines

La région du Sud-Est a fait l'objet de plusieurs travaux de recherche d'eau souterraine **(Marget,1952 ; Ruhard,1977 ; Joly, 1962 ; ADS, 2014 ; Mahboub,2015 ; Baki ;2017, Obda et al ,20. ; ABH 2018, 2017, 2016 ; ORMVAT 2019, 2018).** Ces différents travaux convergent que les eaux souterraines dans la région jouent un rôle primordial dans la satisfaction des besoins de la population. Ces ressources sont constituées d'une part de nappes phréatiques situées le long des oueds et caractérisées par leur faible étendue et leur dépendance directe des aléas climatiques et d'autre part, de nappes profondes qui sont subdivisées du nord au sud en six unités hydrogéologie (figure13) :

1- L'aquifère du Plio-Quaternaire : comportant essentiellement des alluvions, poudingues, graviers et galets d'une perméabilité de l'ordre de 10^{-3} m/s ; il s'étend sur une superficie de 1247 km² et localisé généralement le long des vallées et plaines (plaine de Tafilalt ; palmeraies de Goulmima,).

2 -Les aquifère du Crétacé : renfermant généralement des calcaires donnant lieu à des circulations du type karstiques, sables et grès. La zone d'extension est de l'ordre de 3542 km².

3- L'aquifère du Lias inférieur-Domérien, avec des calcaires et dolomies diaclases, souvent fracturés et parfois karstifiés. Il domine la partie Nord du bassin (zone du Haut Atlas) et s'étend sur une superficie de 2412 km².

4 - L'aquifère de l'Aalénien-Dogger, marno-calcaire, avec des réseaux fissurés et karstiques plus ou moins denses, il occupe une étendue de 1082 km² localisé au niveau du Haut Atlas, en particulier dans le trajet de Assoul à Ait Hani ; ces deux derniers aquifères constituent les aquifères jurassiques du Haut Atlas.

5-Un domaine généralement peu perméable pouvant contenir un aquifère discontinu et d'extension limitée. Il domine une superficie de 3 354 km² et se situe principalement dans la partie Sud et Sud-est du bassin. (Mahboub et al,2016)

6 : Un domaine renfermant essentiellement des terrains volcaniques avec prédominance de nappes d'arènes, de fractures ou de fissures, il occupe une superficie de 1065 km² localisé généralement dans les parties Sud et Sud-ouest du bassin. (Mahboub et al,2016) ces deux derniers aquifères sont localisés dans

L'alimentation de ces formations souterraine c'est fait par :

-Les eaux superficielles et l'apport des nappes affluents

-L'infiltration à partir des épandages de crues

-L'irrigation au sien de l'oasis

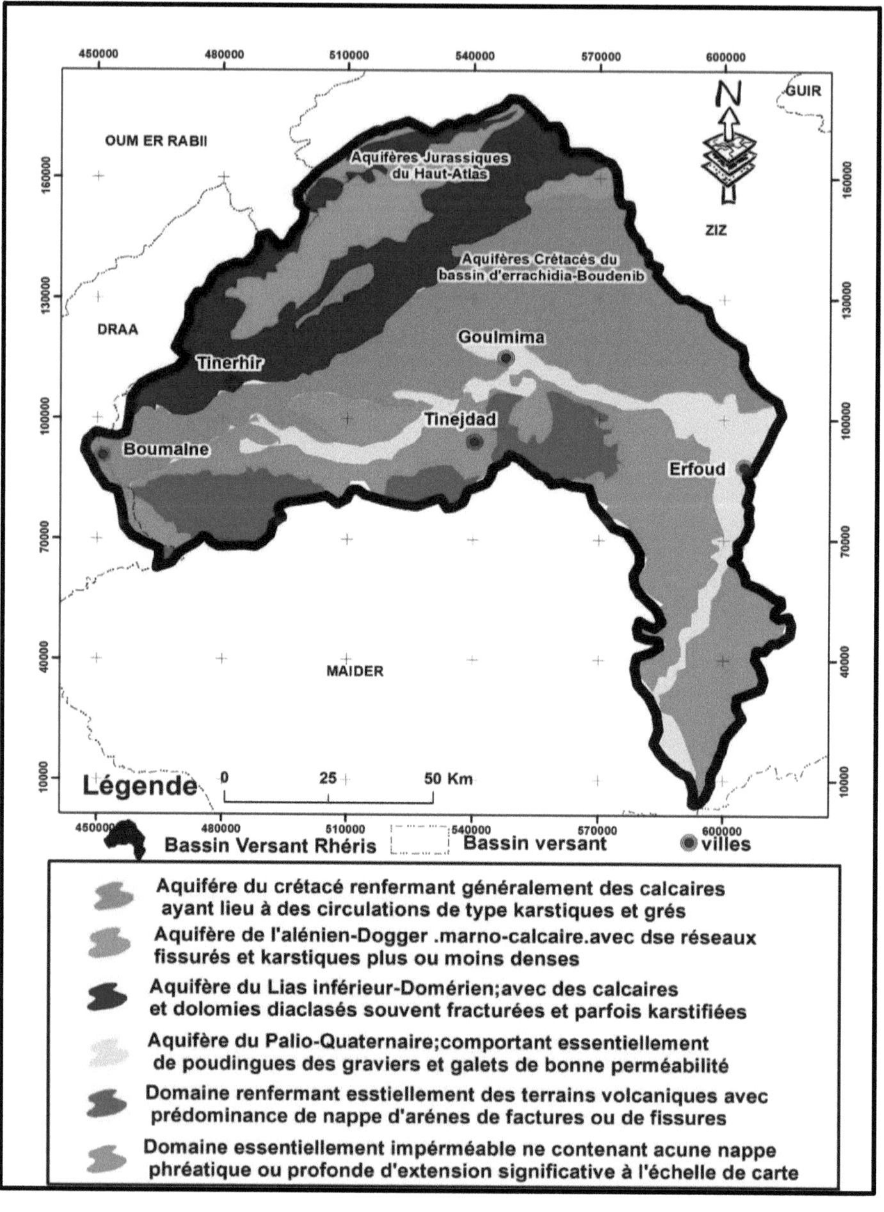

Figure13 : Carte des systèmes aquifères du Bassin versant de l'oued Rhéris (T,P2021,d'après ABHGZR)

3- Le contexte socioéconomique et la structure sociale

3-1 les organisations ethniques (aperçu historique sur la population à Tilouine)

Dans les zones présahariennes en générale et l'oasis de Tilouine en particulière, la présence des ressources a favorisé la sédentarisation humaine dans l'espace et dans le temps. L'occupation humaine   dans la région est marquée par une sédentarisation organisée en deux étapes **(MEZZINE,1987)**

La première étape de la sédentarisation est marquée par l'arrivée des habitants noirs (les hratins), les tribus Sanhadja et Zenâta depuis l'aube des temps jusqu'à la fine de septième siècle (VIIe) **(MEZZINE,1987)**

La deuxième étape a connu l'arrivée des tribus Baní Maqal, et d'Aal-shurfa depuis XIII siècle (13) à la fine de (18-XVIIIe) siècle après les tribus d'Ait Atta. D'une manière générale dans l'oasis de Tilouine on distingue.

De cette sédentarisation résulte un carrefour ethnique composé de quatre fractions principales, les harratins, les almoravides, les amazighs et les arabes.

Les hratins : selon A. Meuné (1982), la présence des hratins est l'un des peuplements les plus anciens des oasis méridionales qui bordent le désert ou la pratique de l'agriculture a été leur la principale activité. Ils sont connus dans le domaine d'agriculture par le terme ''d'Ekhammasa''

Les almoravides : le premier lieu de sédentarisation des almoravides est l'oasis de Ferkla (5km au sud de goulmima). Ils sont, ensuit, entrés dans l'oasis de Tilouine en y migrant avant 1880. Les almoravides de Tilouine sont des partisans de 'zaouïat d'Ahmed al-houari à Tinjdad **(Ouali,2019)**

Les amazighs : le terme Amazigh signifiant ''El horr '' l'origine des tribus amazighs ceux-ci appartenait aux berbères de Sanhadja qui s'installaient dans les versants sud du Haut Atlas oriental.

Les arabes : la sédentarisation de ces tribus dans la région remonte à l'époque des conquêtes islamiques de la seconde moitié du XVIIe siècle. Ces tribus ont l contribué dans la propagation des enseignements de la religion islamique dans la région.

En fine, cette diversité ethnique des habitants de la zone d'étude à l'instar de la grande Tafilalet est à l'origine d'une organisation sociale et influence largement les règles coutumières de la gestion des ressources naturelles locales, notamment l'eau. Il en découle plusieurs techniques d'irrigation (khettara par ex), grâce auxquelles ils ont pu mobiliser les ressources en eau nécessaires à l'exercice de leur activité agricole qui est présent le pilier de l'économie oasienne.

3-2 les compositions démographiques

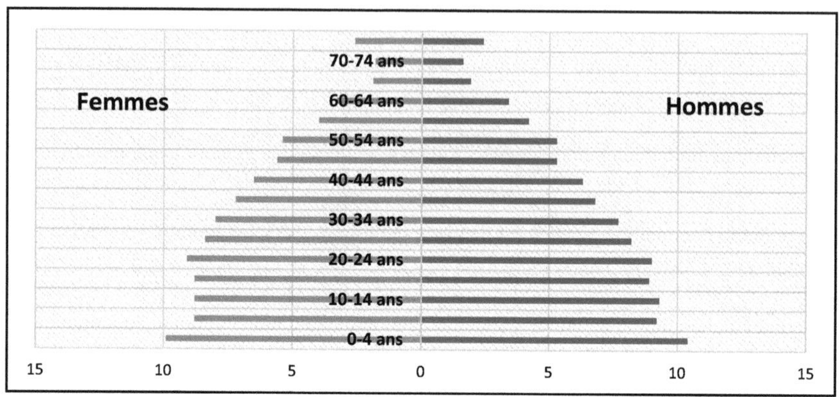

Figure 14 : Pyramide des âges (source des données bruts HCP2014 +TP)

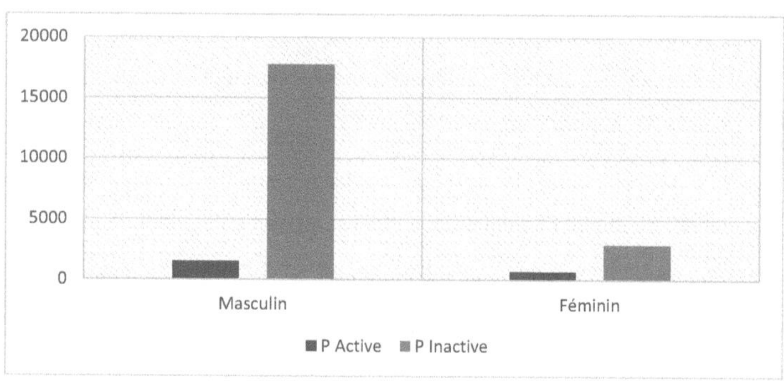

Figure15 : Population selon l'activité (HCP2014+ TP)

Pyramide des ages ci-dessus (figure 14,15),présente la répartition des tranches d'ages selon le recensement de 2014, cette répartition montre que la structure démographique de la zone d'étude est constituée de trois catégories

-La tranche d'âge de 04 à 10 ans représente la base de la pyramide

-La tranche d'âge de de 14 à 60 ans, représente la catégorie active qui travaille dans le domaine agricole, ou migre vers les villes

-La tranche d'âge à superière 60 ans prpésente le sommet de la pyramide, elle est composée par les personnes agées

On peut conclure que la zone d'étude contient des ressources humaines importantes, qui constituent des potentialités d'investissement dans de multiples domaines par exemple les activités agricoles.

3-3- la croissance démographique

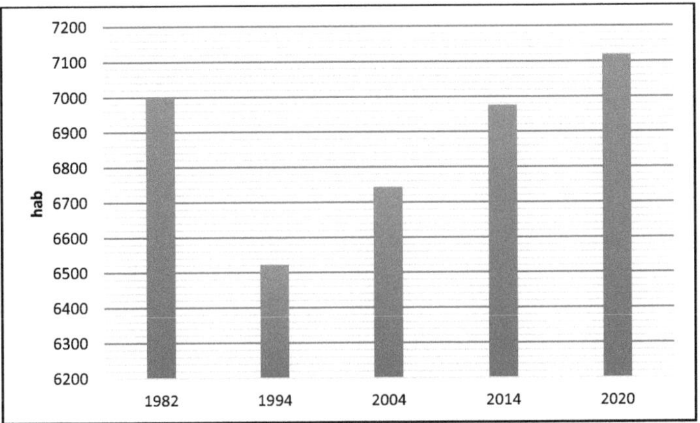

Figure 16: l'évolution démographique du population (1982-2020)

Le taux d'accroissement de la population de la commune de Gheris Es-soufli (figure 16) a connu des tendances contradictoires. En effet, elle est passée de 7000hab en 1982 à 521hab en 1994, soit un taux d'accroissement négatif. Cette régression est en raison de l'exode rural déclenché par des faits naturels notamment la sécheresse (les années 80) et la désertification et l'avancé du désert et par aussi des faits et des mutations sociaux…Le RGPH 2004 a montré une légère hausse de la population de la commune, elle a ainsi atteint 6724 habitants, soit un taux d'accroissement annuel moyen de 0,34%.

Dans cette population, les femmes représentent environ 52% dont la tranche d'âge 15-59 représente environ 58,6%. Cette situation, similaire à celle de la majorité des communes rurales voisines, pose la problématique des infrastructures de base à savoir l'éducation et la santé publique qui entravent l'intégration et la stabilité de ce capital humain dans le circuit productif local.

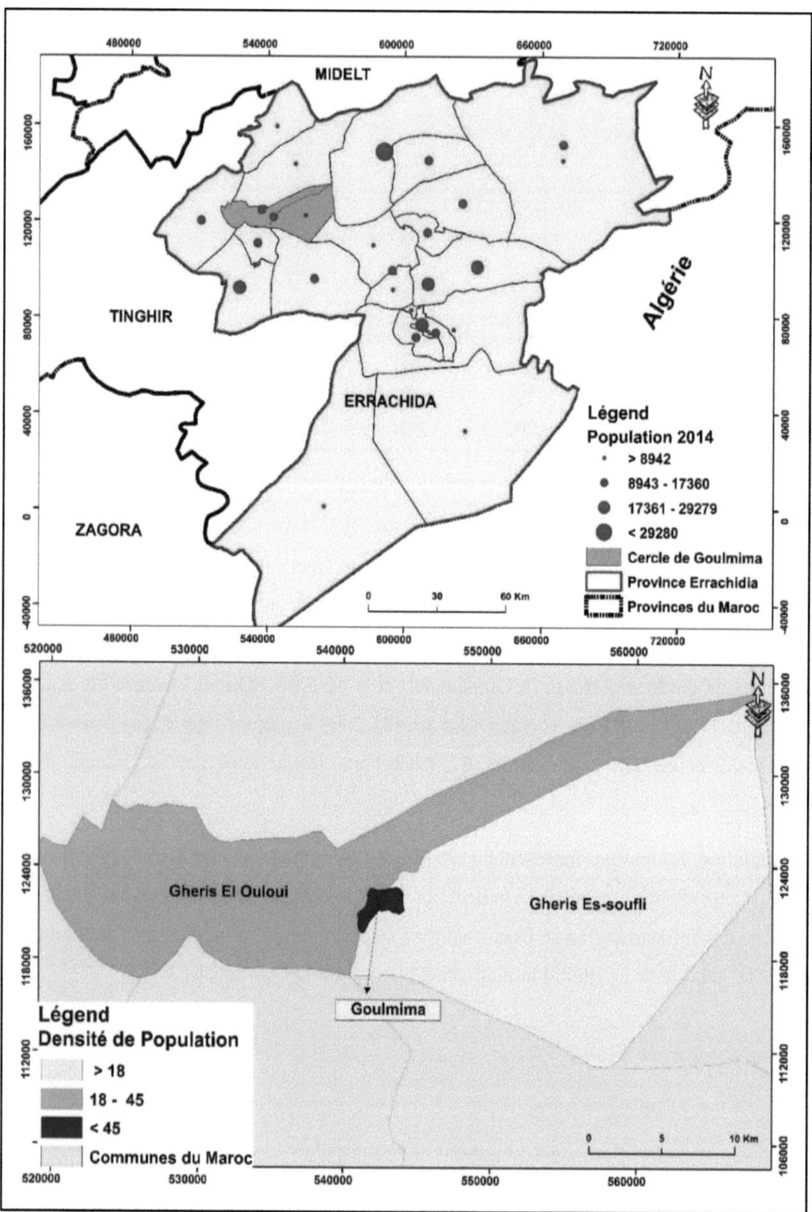

Figure 17 : Populations de province Errachidia (HCP 2014) et la densité de population en (hab./Km^2) du cercle goulmima 2014

ainsi, l'adoption et l'application de ce même taux d'accroissement annuel moyen issu du RGPH 2004, on obtient la projection de la population pour les différents douars de la commune (Tableua3).

Qsar	2014	2020
Bouchiha	927	946
Ksar Anfar et el Bour	350	357
Ksar Jdid	408	416
Ksar Laaouina	384	392
Ksar lakdim et wassat el hadada	974	994

Tableau3 : la répartition de la population des Qsours en 2014et2020

Les informations tirées de ces projections montrent une hausse très faible de la population de la commune ; une hausse qui met en cause le faible taux d'accroissement que la commune à enregistrée dans la décennie précédente. L'effet négatif de l'immigration continue ainsi de vider ce réservoir humain de ses ressources anthropique de ses richesses humaines et par conséquent toute son identité et son héritage matériel et immatériel

3-4 le Qsar : un héritage prestigieux de civilisation oasienne.

Comme nous allons le voir, les tribus de Tilouine (les harratins, les amazighs, les arabes et les almoravides) sont regroupées dans les ksours ou Qsar. Ce dernier « ...un village fortifié qui caractérise l'habitat traditionnel des oasis. Son généralement de formes différentes, mais ils disposent souvent d'un double rempart flanqué de tours, d'une entrée unique que l'on ouvre au lever du soleil et que l'on referme au coucher du soleil. (...) le ksar constitue l'unité politique économique et sociale dans les oasis. Il est dirigé par un cheikh ou Amghar élu tous les ans et d'une jma'aa constituée des chefs des lignages »8(**Mezzine, 1987**).

Le Qsar dans les oasis de sud-est du Maroc, reflète une sorte de cohésion et de solidarité entre tous ses habitants, malgré leurs origines et différentes ethnies. De point de vue architectural, les ksours traditionnels des oasis représentent une forme d'adaptation à l'environnement. En effet la construction des ksours est réalisée conjointement entre toutes les tribus, par utilisation des matériaux locaux (argile, les troncs de palmiers, bois...)

Le pisé (Erkiz) (Photo3(1,2)) est une technique de construction où les murs porteurs sont faits d'un matériau compacté dans un coffrage (Tabot). Le mot pisé vient du latin « pinsare » qui veut dire «

---

8 MEZZINE Larbi (1987). ;Le Tafilalt :contribution à l'Histoire du Maroc aux XVII et XVIII siècles ,publications de la Faculté des Lettres et des sciences humaines Rabat ,série thèses 13p.182

piler », « broyer », « tasser », en référence à l'utilisation d'un pilon de bois, la fistuca, pour compacter les sols et les fondations des édifices.

Photos5 : 1,2 la technique de construction (Erkiz ,le pisé) -3,4 ksar Laaouina à Tilouine

Comme d'autre ksours du sud-est, l'architecture des ksours de Tilouine, dépendent de quatre facteurs cités par hensens (**Khiri, 2014**).

-Facteur écologiques : protection des habitats de la chaleur en Eté et du froid en hiver.

-Facteur historique : est dictée par des conditions historiques, l'insécurité qui régnait dans la région à cause des conflits entre les tribus, en particulier entre la confédiration d'Ait Atta et l'alliance d'Ait Waflman.

- Facteur socio-économique et politico administratifs.

3-5 - l'éclatement et dégradation des ksour (l'état de lieu)

Pendant de longs siècles, les ksours ont conservé leur architecture et leurs modes de gestion ancestraux, en effet depuis l'entrée des Français dans la région, les structures économiques et politiques des ksours ont changé surtout après l'accession du Maroc à l'indépendance, ce qui a approfondi les mutations des ksours (**SADIKI,2014 ; KHIRI,2014 ; TILIOUA2014 ; CHEBRI,2014 ; BABA,2014**)

D'autre part, l'agressivité des conditions climatique (la sécheresse des années 80, les inondations de l'oued Rhéris...) en plus de la croissance et pression démographique les facteurs les plus décisifs de l'éclatement des ksours dans l'oasis de Tilouine (Tableau4). D'autant plus que le ksar ne peut plus subvenir aux besoins de tous ses occupants, cet éclatement s'est déroulé comme suivant :

Lieu de résidence	Ksar	N des maisons	N d'habitants	T	M	C
Au sien du Qsar	K Qdim	90	-	×		
	Anfar	60	-	×		
	Bouchiha	100	-	×		
En dehors du Qsar	El Bour	71	432			×
	W alhadada	116	116			×
	Anfar	56	550			×
	Qsar jedid et Qdim	90	600			×
						×
	Bouchiha	200	1200			×
	Laaouina	56	900			×

Tableau4 : Etalement de l'habitat en dehors des Qsours à Tilouine-**T** : Traditionnelle **M** : modern **C** : complexe (A, Ouali 2019)

Actuellement l'étalement de l'espace bâti en dehors des ksours à Tilouine devient beaucoup plus rapidement depuis les années 80 jusqu'à nos jours notamment à prés la reparcellisassions des terres collectives.

3-6- Activités Socio-économiques

3-6-1- L'agriculture

L'agriculture est le pilier de l'économie locale et l'activité principale de la population de la commune de Gheris Es-soufli (58% de population travaillent dans le secteur agricole). La superficie agricole utile occupe 12% de la superficie de la commune, tandis que 79% de la superficie est utilisée en pâturage. Dans le détail, la commune est caractérisée par deux types de pratiques agricoles : traditionnelle et moderne l'analyse détaillée de ces pratiques fera l'objet des chapitre suivants ou seront abordées les techniques d'irrigation, les systèmes de production et les contraintes entravant le développement de cette activité.

3-6-2- Élevage semi-intensif

L'élevage semi-intensif en stabulation représente une spéculation complémentaire, aux cultures dans Tilouine, la plupart des ménages à la zone possèdent un troupeau notamment celui de type' 'race d'man majoritairement'' (ORMVATF Goulmima2019). La constitution du troupeau est inégalement répartie (Figure17).

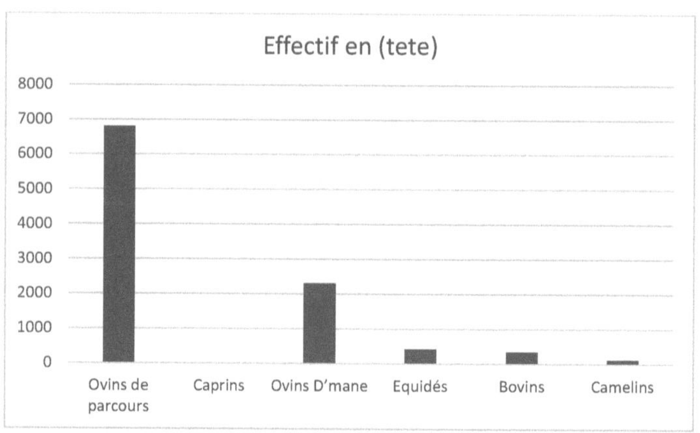

Figure 17 : Effectifs des troupeaux (en tête) à la zone d'étude ORMVAT 2019

Dans la zone d'étude, l'élevage joue un rôle important dans l'économie de la population. Pour les ovins, la région est dotée d'un patrimoine génétique important qui est loin d'être exploité au maximum. En effet, la race d'man majoritairement'' offre des avantages énormes par sa prolificité est son adaptation aux conditions de région **(BOUKIL1993).**

3-6-3- Artisanat

On trouve essentiellement une industrie artisanale dont les produits sont destinés à la consommation locale : tapis, vêtements...etc. Cependant, des associations locales essaient d'encourager ce secteur à travers la mise en place d'activités encadrées pour le tissage.

3-6-4- Commerce et service

Les commerces existant dans la zone sont de type commerce de proximité destinés pour répondre aux besoins essentiels des habitants. Il concerne les produits alimentaires et certains matériaux de construction.

3-7- Infrastructures existantes

3-7-1-voirie

La commune de Tilouine est dotée d'un réseau de voirie, il comprend essentiellement :

-un tronçon de la route régionale n°7105, qui traverse Tilouine, reliant la RN10 à RG702

-la route communale reliant le périmètre de Goulmima et ses douars

-un ensemble de pistes non revêtues reliant les douars de la commune aux routes principales ou au centres urbains.

3-7-2 -Eau potable

Le taux de raccordement au réseau d'eau potable est 100%

3-7-3 -Assainissement

La zone d'étude ne dispose pas d'un réseau d'assainissement, le rejet des eau usées domestiques se fait à travers des fosses septiques ou dans l'oued Rhéris (figure18).

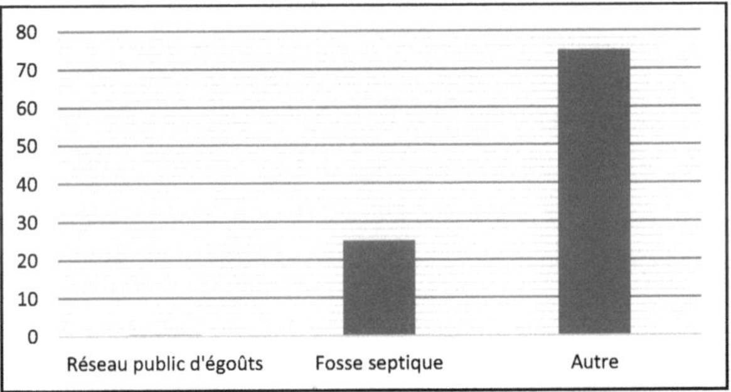

Figure18 : les modes d'évacuation des eaux usées (TP2021)

Ces formes d'évacuation montrent le taux fort des techniques traditionnelles. Les eaux usées rejetées affectent la qualité de l'eau, en particulier les eaux des nappes quaternaires utilisées à des fins domestiques et agricoles. Selon les résultats obtenus dans l'étude réalisée par GIZ, la nappe phréatique de Goulmima contient des niveaux de pollution assez élevé en matière organique et en détergent.

3-7-4 Electricité et télécommunications

Le taux de couverture du raccordement au réseau électrique de l'ONE est de 100%.

3-8- Equipement socio-économiques

3-8-1- Enseignement

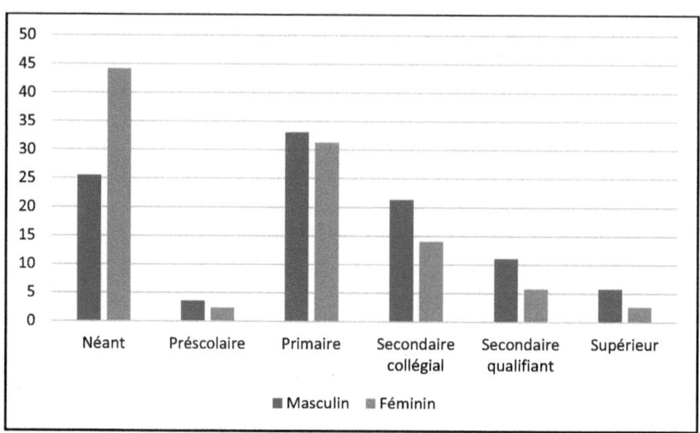

Figure19 : les niveaux d'études à Tilouine (HCP2014+TP)

Le niveau préscolaire, le primaire et le collège sont les niveaux d'enseignement assurés au sien de Tilouine (figure19), une fois au lycée, les élèves sont dirigés vers Goulmima pour terminer leur scolarité (la plupart des élèves qui terminent leurs études sont des garçons, alors que la majorité des filles abandonnent leur études).

3-8-1- Santé publique

Les infrastructures sanitaires et les moyens humains et matériels au niveau de la commune sont insuffisants pour couvrir les besoins des habitants (centre de santé de Tilouine).

Conclusion du chapitre

Dans ce chapitre on s'est intéressé à l'étude de deux composantes principales de la zone d'étude ; la plateforme physique et le contexte humain. L'analyse effectuée nous a permet d'identifier un cadre physique marqué par la diversité de ses unités topographiques, géologiques et géomorphologiques imposée par la situation géographique chevauchante sur trois domaines structuraux du Maroc. Cette situation géographique a aussi imposé un climat aride marqué par ses faibles précipitations et ses fortes températures impliquant par conséquent la rareté de la ressource en eau.

Dans le second axe, l'étude dévoile que malgré ces conditions naturels raids et contraignant, l'occupation de la zone d'étude remonte à des époques historiques anciennes. L'homme s'est adapté aux conditions de milieu comme e témoigne la présence de plusieurs ksours et le développement d'une activité agricole oasienne durable. Cependant, l'analyse de la démographie actuelle montre des reculs préoccupant de la population des mutations sociale l'éclatement des ksours. Ces effets sont accusés par l'immigration continue et aggravés par l'infrastructure et les services de base rudimentaires de la zone.

II- L'espace phoenicicoles de Tilouine entre

Le Climat et Pression anthropique

II-1 Cadre Climatique favorisant la dégradation d'écosystème oasien

II-2 L'agriculture et pression anthropique sur les ressources en eau

INTRODUCTION

Le climat un facteur majeur de découpage géographique **(Pagney et al,1999).** Et aussi un facteur primordial de dégradation à échelle du globe en général, et le Maroc en particulier. Au cours des dernières décennies, le climat des oasis marocaines, connaitre une grande fréquence des années sèche par apport les années humides. Cette situation a nui à la quantité annuelle des précipitations qui sont devenus en déclin.

En effet, la situation de zone du moyen Rhéris, dans le domaine présaharien lui confère un climat aride qui s'exprime par un déficit en eau.sa position résultant d'une insuffisance et irrégularité des précipitations, son éloignement de la mer et son position à l'abri de la topographie caractérisent le moyen Rhéris par des précipitations irrégulières dans l'espace et le temps et des températures élevées ,des sécheresses prolongées et une évaporation intense, renforcée par des vents(vents sableux par fois) souvent violents**(Akkaoui,2006).**Tous ces éléments climatiques sont défavorables pour le développement de la vie des espèces végétale et la fertilité de sol **(Ben Taleb,2009)**

Le Haut Atlas constitue une barrière naturelle empêche les masses d'air humide provenant de l'océan atlantique, cependant son ouvert au sud élevé le degré de la sécheresse et la température en été **(Kabiri,2013),** par l'influence des masses d'Aire saharienne, ce phénomène dit **le Föhn**. A ce stade, nous étudierons la variabilité spatio-temporelle des éléments climatiques, et mettre en évidence le rôle que jouent le climat dans la fragilité de l'oasis Tilouine.

D'autre part l'intervention irrationnelle de l'homme contribue à l'exploitation des ressources naturelles de leur espace, le seconde axe dans ce chapitre consacré l'étude des nouvelles exploitations agricoles (zone d'expansion) et mettre en évidence le rôle que jouent au tarissement des nappes phréatiques à la région de Tilouine -Goulmima.

II-1 Contexte climatique favorisant la dégradation de l'écosystème oasien

2-1-1 Réseau pluviométrique

L'étude a été analyse sur l'ensemble des données climatique (précipitation, température...) de base est mis à notre disposition par l'Agence des bassins versants de Guir -Ziz-Rhéris à Errachidia. Les fichiers de ces données portent sur les valeurs mesurées des stations couvrant le sous bassin de Tadighoust-Merroutcha-L'Hamida. Les 3 stations (Tableau5, Figure20) ont été retenues pour leurs séries de données complètes (couvrant la période 1957-2016), soit d'une période s'étalant sur 60 ans

Bassin	Station	X	Y	Z(m)	Période	(R²)	(R²)	(R²)
Tadighoust-Merroutcha-L	Tadighoust N°7320	543 470	140 378	1150	1957-76/2016-17 60 ans	0,86 Tadighoust avec Merroutcha	0,81 Tadighoust avec L' Hamida	0,87 L' Hamida avec Merroutcha
	Merroutcha N°4160	549 030	107 111	825				
	L'Hamida N°5236	601 848	102 479	930				

Tableau 5: Stations météorologiques dans la zone d'étude (ABH, 2018+ TP)

A partir le tableau 5 et la valeur R^2, on peut dire que les données climatiques des stations utilisées sont assez homogènes

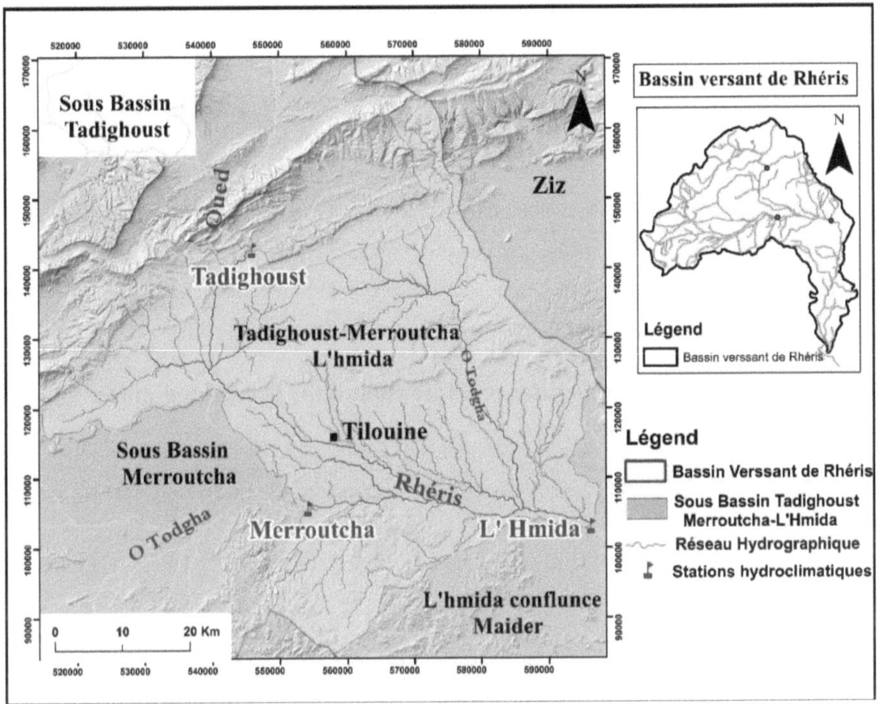

Figure20 : Localisation des stations hydroclimatiques au SB, Tadighoust Merroutcha L'Hamida (TP,2021)

> ### La station pluviométrique de Tadighoust (1150m) :

La station de Tadighoust, situé dans la frontière du versant sud de Haut-atlas. Au niveau de l'oued Rhéris entre deux domaines géographiques et géologiques (le contacte entre Haut Atlas et hamada de Meski). Tadighoust se trouve à 18 km au nord de goulmima

> ### La station pluviométrique de Merroutcha (825m) :

La station pluviométrique de Merroutcha, se trouve au milieu du bassin versant Rhéris entre oued ferkla et Anti-Atlas dans le territoire de la commune Mellab, la Vale de sous bassin Merroutcha.

> ### La station pluviométrique de L'Hamida (825m) :

Les stations pluviométriques de L'Hamida, situées à l'aval du sous bassin de Tadighoust-Merroutcha-L'Hamida ces secteurs connaissent une quantité de pluie moins faible que dans les deux stations précédentes.

2-1-2 des précipitations faibles et irrégulières

Le terme des précipitations englobe tous les météoriques, mesurées dans leur hauteur de la lame d'eau et recueil par le pluviomètre, quel que soit la nature de cette eau (pluie, neige...). (Qadim, 2020). Dans cette étape nous nous attacherons à étudier le facteur de précipitation dans la zone étude et à mettre en évidence leur variation temporelle et spatiale d'une station à l'autre.

2-1-2-1 les variations annuelles des précipitations dans la région d'étude

D'une manière générale, à partir les graphes (figure21,22,23) des stations étudiées qui enregistrent 60 ans des précipitations en peuvent remarquer une grande fluctuation entre les années humides et sèches.

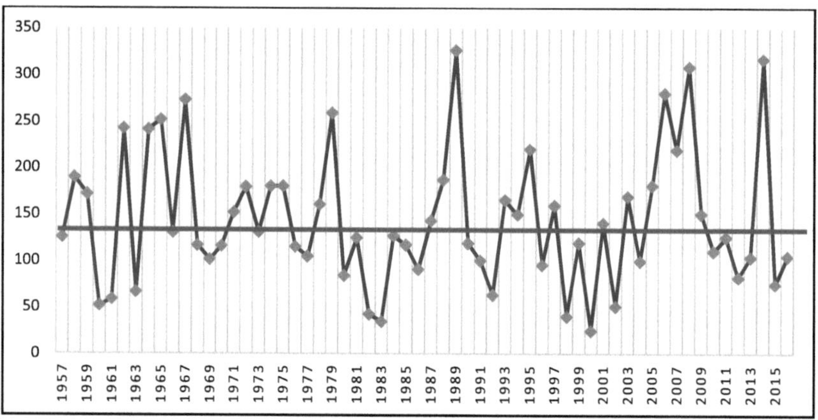

Figure 21: Variabilité interannuelle des précipitations de la station de Tadighoust (1957-2016)

La figure ci-dessus visualise l'évolution des précipitations interannuelle à Tadighoust, sur une période de 60 ans. À partir de figure (21) on peut remarquer une grande fluctuation pluviométrique d'une année hydrologie à l'autre. Par ailleurs le nombre des années sèches est supérieur aux années humides, avec des valeurs minimales enregistrées en (1960-51mm, 1963-66mm ; 1983-34,6mm ; 2000-50mm) par contre les années (1989-326mm ; 2008-308,8mm ;2014-317,2mm) enregistré des quantités importantes de précipitations

L'année 1983 la station de Tadighoust sont marqué une faible quantité de précipitations n'ont pas dépassé de 34,6mm pendant ces années le Maroc a connu une sécheresse sur l'ensemble du territoire, qui a eu un impact négatif sur la population et leur activité notamment l'agriculture

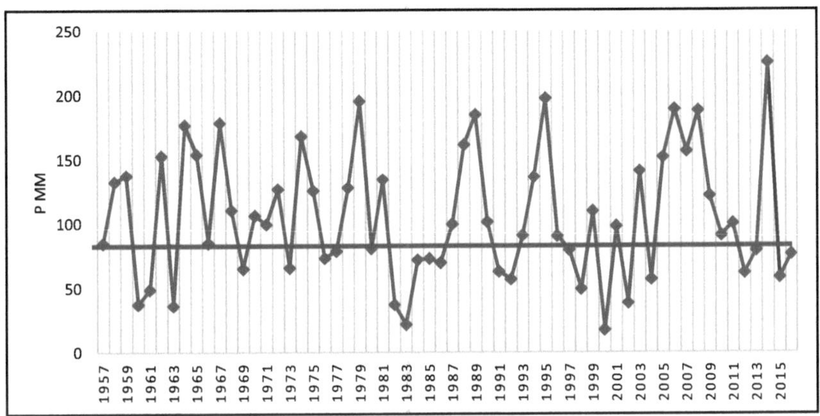

Figure 22: Variabilité interannuelle des précipitations de la station de Merroutcha (1957-2016)

Au centre du bassin versant à la station de Merroutcha, comme expliqué dans la figure (22) a connu la même tendance. À partir des données pluviométriques, la variabilité des précipitations annuelle est aussi remarquable, la valeur maximale a été enregistrée en 2014 avec 225mm et 1983 avec 21,5mm ; 17,5mm en 2002 comme deux valeurs minimales

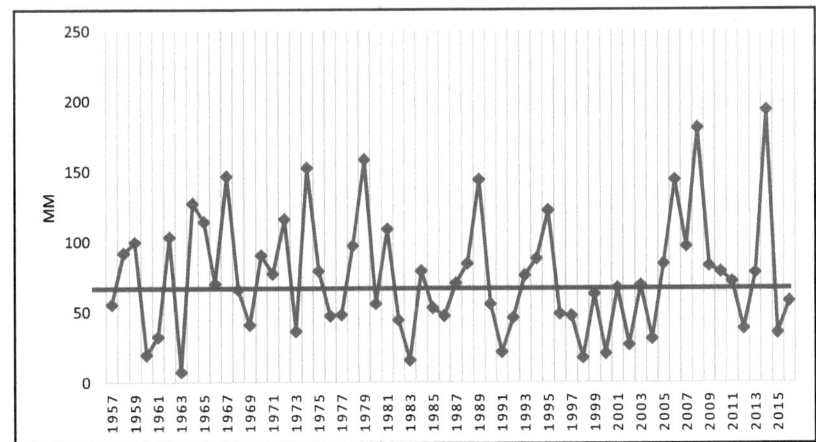

Figure23 : Variabilité interannuelle des précipitations de la station de L'Hamida (1957-2016)

La pluviométrie en moyenne atteint 75,25 mm pour la période 1975-2016.au cours de cette période, on a enregistré des années humides et d'autres sèches (figure23). L'année 2014 a été la plus arrosée avec la chute de 193.2 mm de pluies. En revanche l'année 1963 et 1983 a été les années plus sèches avec seulement 7.6mm en 1963 et 15,7 mm en 1983 de précipitations.

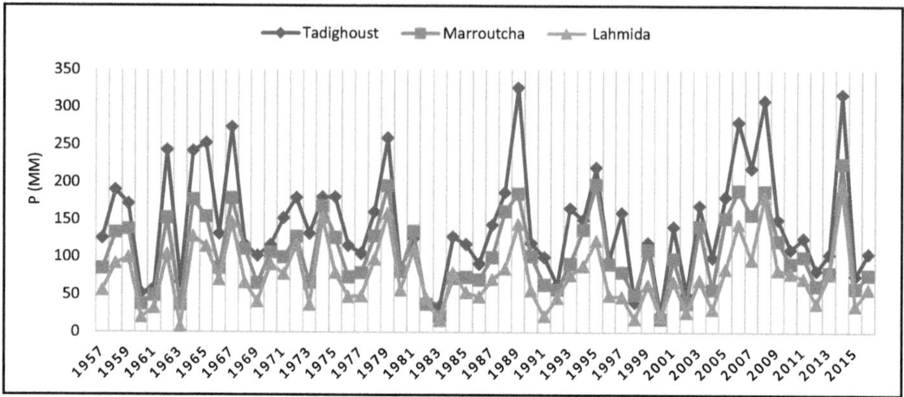

Figure 24: Variabilité annuelle des précipitations (Tadighoust, Merroutcha, L'Hamida1957-2016)

Les précipitations dans le moyen Rhéris sont caractérisées par une faiblesse et une irrégularité, qui sont une caractéristique de toutes les stations de surveillance du domaine d'étude. En ce qui concerne la variation spatiale des apports pluviométriques d'après les précipitations annuelles des trois stations observées (figure24).la station de Tadighoust est la plus arrosée avec une moyenne de 144.20mm (1957-2016),l'aval de sous bassin Tadighoust-Merroutcha-L 'Hamida reçoit la moitié de la lame d'eau précipitée à l'amont ,en effet le moyen annuel des stations de Merroutcha ne dépasse pas 105 mm (1957-2016) alors que la station de L'Hamida reçoit 75.27mm comme moyenne annelle durant la même chronique.

2-1-2-2 la relation entre les précipitations moyennes annuelles et la topographie

L'espace géographique est caractérisé par l'interaction de ses composantes climatiques et topographiques du fait que la topographie est l'un des facteurs le plus importants par son influence sur la pluviométrie, car il détermine la distribution des pluies sur la surface. D'autre part, l'exposition des versants(figure) joue un rôle fondamental dans la réception des pluies, car les versants ombragés reçoivent des quantités importantes par rapport aux versants ensoleillés et cela a une réflexion sur la répartition de la couverture végétale d'une saison à l'autre.

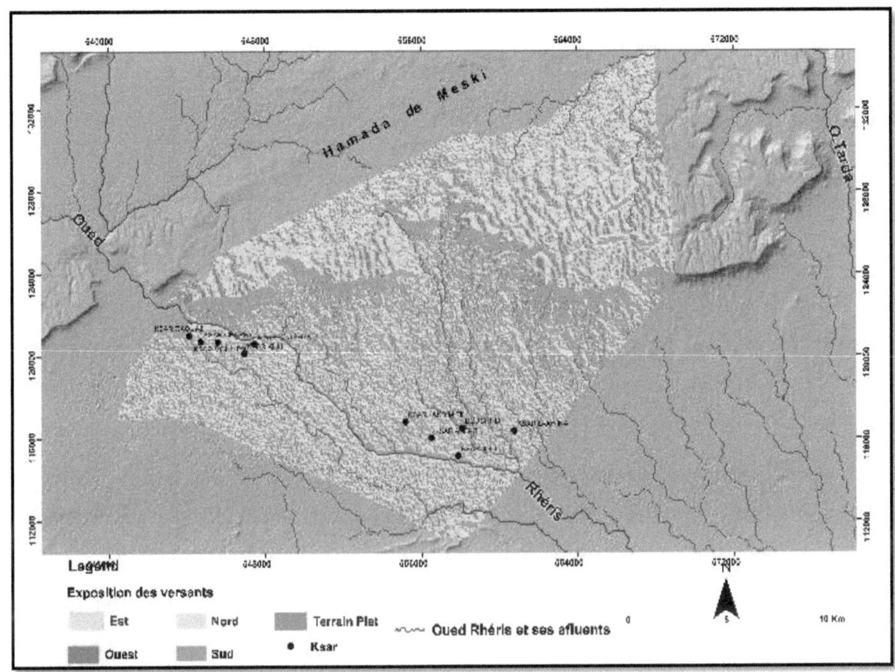

Figure25 : carte d'exposition des versants dans la zone d'étude (MNT du Maroc 30m)

En ce sens, la relation entre les pluies moyennes annuelles et l'altitude des stations pluviométrique à l'échelle de moyen Rhéris est présentée dans les figures ci-dessous

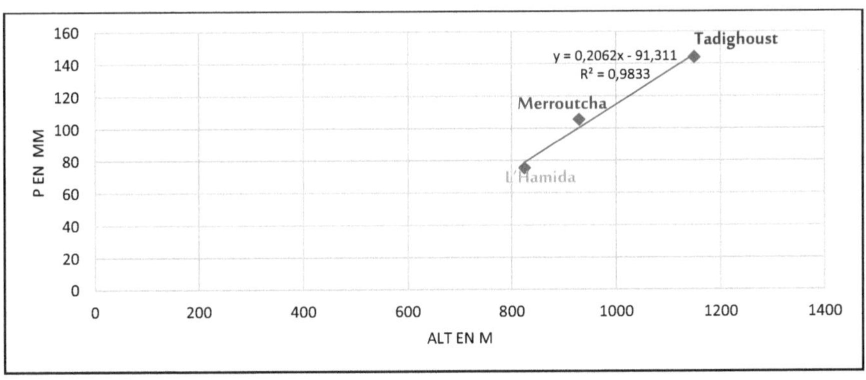

Figure26 : Relation entre les précipitations annuelles et l'altitude (1957-2016)

la station	altitude (en m)	Moy Pré(en mm)	Période
Tadighoust	1150	144.2	1957-2016
Merroutcha	930	105.5	
L'Hamida	825	75.4	

Tableau 6 : caractéristiques géographiques des stations

D'après le résultat illustre dans la figure 26, on remarque une forte corrélation entre les précipitations moyennes annuelles et les altitudes. Le calcul du coefficient de corrélation entre la pluie et l'altitude donne une valeur de **R^2 =0.98**, ce qui signifie une très bonne corrélation entre les deux variables altitudinale et pluviométrique

afin de bien préciser davantage comment la factrice altitudinale intervient dans la distribution spatiale des pluies au niveau du bassin versant de Rhéris, la méthode **Spline** est exploitée pour cet effet, par l'utilisation du système d'informatique géographie Arc Gis .

Le principe de l'outille de **Spline,** permet d'interpoler une surface raster à partir de points à l'aide d'une méthode de spline de courbure minimum bidimensionnelle (esri-web) .

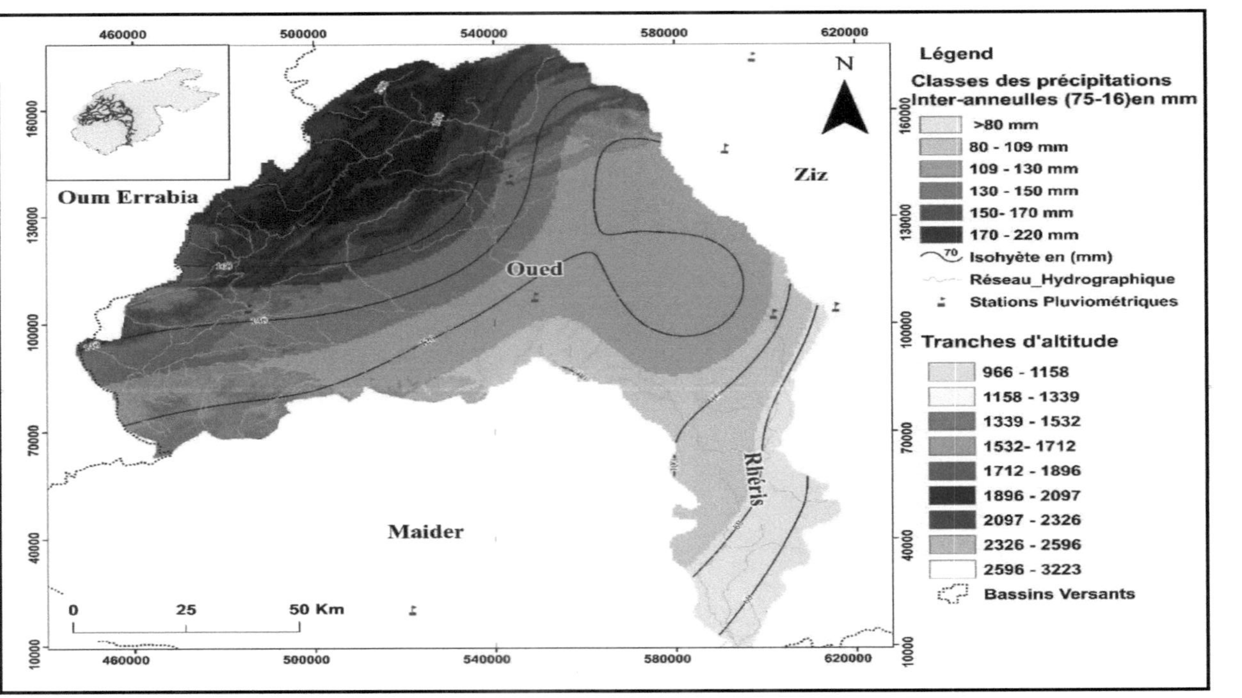

Figure 27 : spatialisation des pluies moyennes annuelles en mm (1957-2016) par la méthode spline

D'après les résultats obtenus, on souligne que la topographie joue un rôle très primordial, l'effet de l'orographie est très prononcé dans les bordures du Haut Atlas. Ce périmètre (figure28), reçoit un moyen de pluie entre 130à220 mm, par contre au niveau de moyen Rhéris les pluies moyennes annuelles ne dépassent pas 109 mm cette valeur, peut augmenter en cas d'années humides. D'autre par le périmètre de bas Rhéris, reçoit seulement la moitié de quantité de pluie à l'amont de bassin cette valeur à inférieur de 80 mm généralement le bassin versant de l'oued Rhéris, les précipitations n'ont pas un rythme fixe tantôt elles s'augment, tantôt elles se réduisent.

Certainement les périodes pluvieuses qui suivent les années séchées, sont l'origine de dégradation de l'agrosystème par les crus exceptionnels notamment les parcelles à côté de l'oued Rhéris et Rjjal.

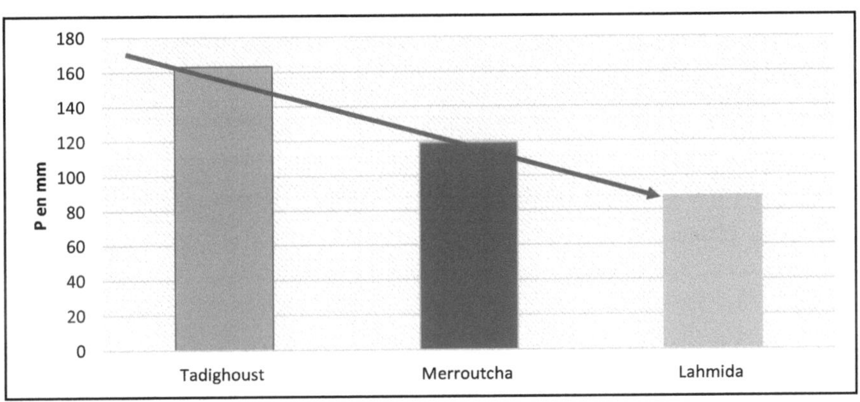

Figure 28: comparaison de quantité des précipitations reçues par les stations étudiées (ABH1957-2016)

À travers la comparaison montrée dans la figure ci-dessus, il est clair que la quantité des précipitations durant la période (1957-2016) caractérisée par une régression très remarquable d'une station à l'autre.

2-1-2-3 les variations mensuelles des précipitations dans la région d'étude

L'étude des précipitations moyennes mensuelles, mené à la connaissance de répartition des précipitations au cours d'une année hydrologie **(Qadem2020).** Pour avoir une idée générale sur la variabilité, mensuelle des apports pluviométriques au moyen Rhéris, nous allons étudier les trois stations couvrant la zone étude(figure29,30,31)

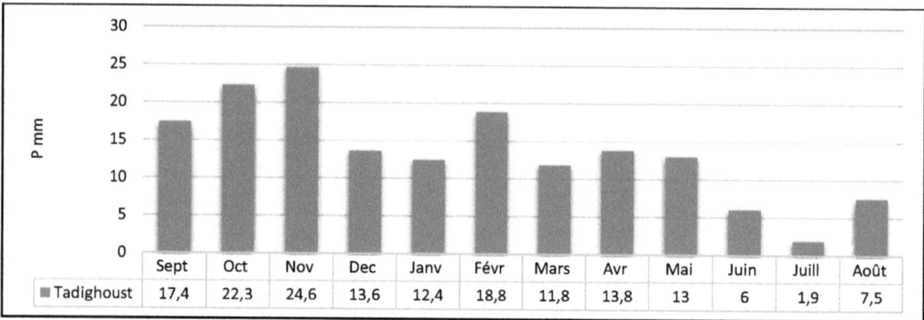

Figure29 : les précipitations moyennes mensuelles enregistrées à la station de Tadighoust pendant la période d'observation. (Source ABH GZR/1957-2016)

Au niveau de Tadighoust les précipitations moyennes mensuelles, pendant la période d'observation sont plus concentrées dans les mois (sept-oct-nov). Le mois de novembre est le plus humide avec 24.6 mm suivis par le mois d'octobre avec 22.3 mm. En revanche, le mois juillet la plus sèche avec une quantité de 1.9 mm

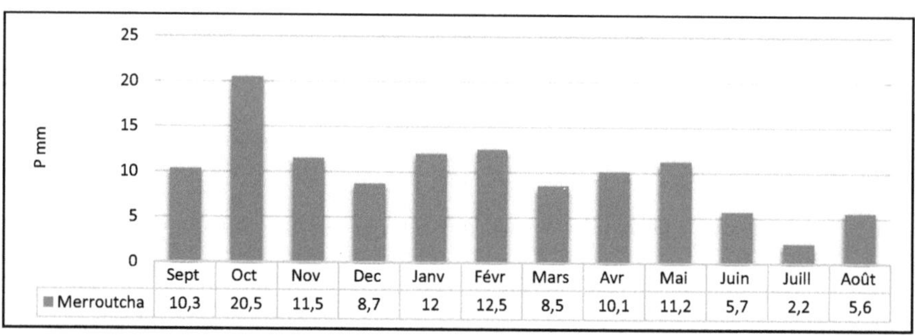

Figure 30: les précipitations moyennes mensuelles enregistrées à la station de Merroutcha pendant la période d'observation. (Source ABH GZR/1957-2016)

Dans le même sens, les précipitations mensuelles dans le moyen Rhéris au niveau de la station Merroutcha se caractérisent par répartition contrastée du mois à l'autre le mois d'octobre et février est les mois le plus humides durant la période d'observation avec 20.5 mm et 12.5 mm par contre le mois du juillet le plus sec durant la même période chronique. À partir de comparaison entre les deux stations ci-dessus, nous concluons que le régime pluviométrique de Tadighoust et Merroutcha est très similaire par rapport la station de L'Hamida qui se situe dans le bas du moyen Rhéris

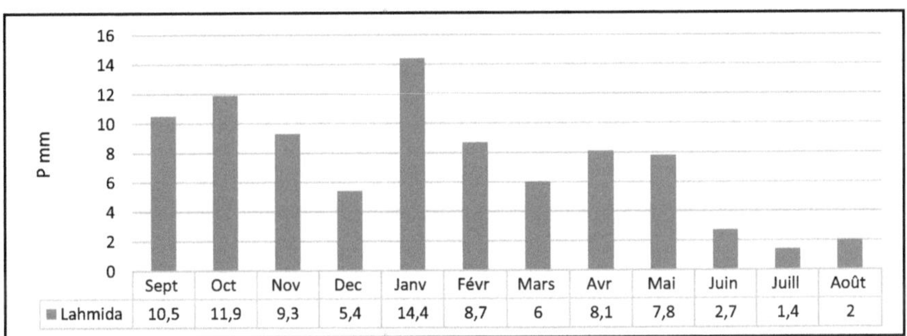

	Sept	Oct	Nov	Dec	Janv	Févr	Mars	Avr	Mai	Juin	Juill	Août
Lahmida	10,5	11,9	9,3	5,4	14,4	8,7	6	8,1	7,8	2,7	1,4	2

Figure31 : les précipitations moyennes mensuelles enregistrées à la station de L'Hamida pendant la période d'observation. (Source ABH GZR/1957-2016)

La distribution des précipitations moyennes mensuelles pour la période 1957-2016 à l'échelle de la station de L'Hamida, légèrement différent avec le haut du bassin TMH, les précipitations se caractérise par une concentration dans les mois (sept- oct et nov jan -ver -mar) avec deux valeurs maximales 14.4 mm janv. et le deuxième dans le mois d'oct.

Elle peut être liée cette situation par la localisation géographique de la station L'Hamida qui située à la plaine par apport Tadighoust et Merroutcha qui situées dans la montagne (Haut Atlas et anti atlas), une autre hypothèse peut également que la station de L'Hamida est effectuée par les masses d'air en provenance du désert qui ont changé cette répartition.

2-1-2-4 les variations saisonnières des précipitations dans la région d'étude

L'étude de la variation saisonnière des pluies dans la zone d'étude a une grande importance dans la compréhension du régime climatique (**Driouech,2010**). Au niveau de moyen Rhéris les valeurs varient d'une manière régressive en amont vers l'aval du sous bassin, c'est-à-dire que Tadighoust obtient une moyenne élevée par rapport aux autres stations.

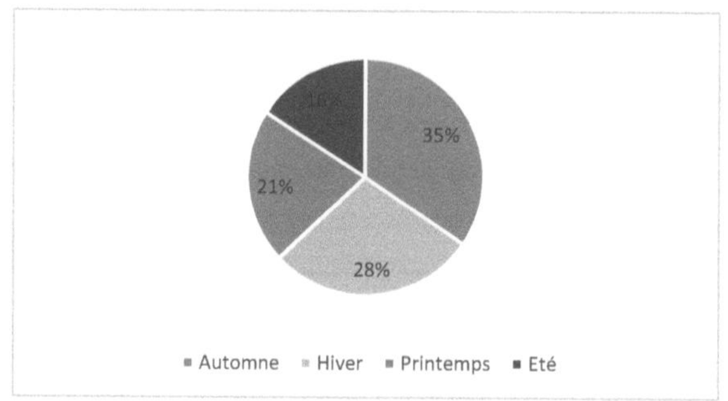

Figure32 : Répartition saisonnière des précipitations dans le moyen Rhéris (57-16)

D'après la figure 32, la concentration saisonnière est une caractéristique essentielle de pluies dans le sous bassin Tadighoust-Merroutcha-L 'Hamida, car les pluies sont concentrées dans la saison d'automne et l'hiver, elle est suivie par la saison de printemps qui sont connait de faibles précipitations, et l'été considéré saison sèche surtout en Juillet et Aout.

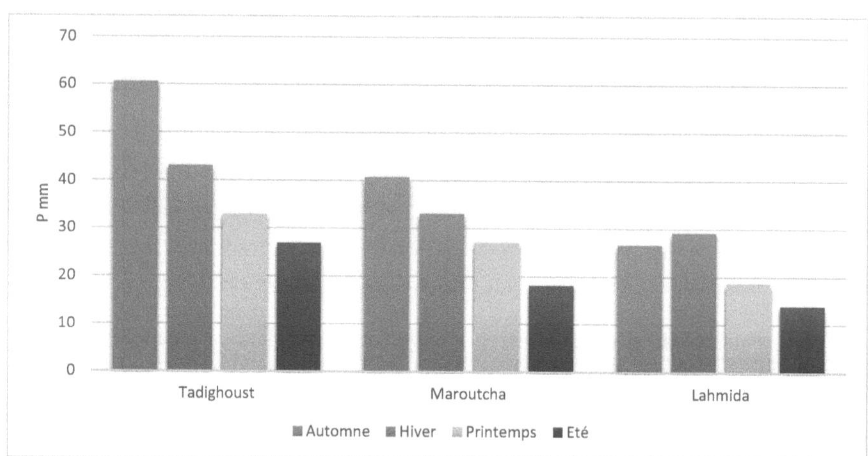

Figure 34: Distribution des précipitations moyennes saisonnières dans les stations d'observation (1957-2016)

Station	Automne	Hiver	Printemps	Eté	P-Moyennes saisonnière	Régime
Tadighoust	60,5	43	32,8	26,8	163,1	AHPE
%	37,10	26,36	20,11	16,43	100%	
Merroutcha	40,7	33	27	18,1	118,8	AHPE
%	34,28	27,77	22,72	15,23	100%	
L'Hamida	26,6	29,1	18,6	13,9	88	AHPE
%	30,22	33,06	21,13	15,59	100%	

Tableau7 : valeurs des précipitations moyennes saisonnières dans les stations d'observation (1957-2016)

Au niveau de **Tadighous**t la répartition saisonnière de la pluviosité montre que malgré la grande variabilité des précipitations on remarque que l'automne et hiver sont les deux saisons les plus arrosées avec un pourcentage qui variant entre 26.36% hiver et 37.10% à l'automne. Pour l'été et printemps sont les saisons les moins pluvieuses avec un pourcentage variant entre 16.43% et 20.11%

Au niveau de Merroutcha la distribution saisonnière des précipitations illustre dans la figure et le Tableau, montre que cette répartition connait des variations d'une saison à l'autre, les pluies se concentrent dans deux saisons successives l'automne et l'hiver avec un pourcentage 27.77% (hiver) et 34.28% (automne), d'autre part ces précipitations diminuent pendant les saisons de printemps et d'été avec deux valeurs connectives 15.23% et 22.72% (printemps)

A l'aval du bassin dans la station de L'Hamida, la répartition saisonnière des précipitations connait le même régime pluvieux avec deux valeurs maximum 30.22% à l'automne et 33.06% en hiver et l'autre minimum 21.13% au printemps, 15.59% à l'été.

L'étude des précipitations est d'un grand intérêt pour comprendre le climat de la région et leur distribution spatio-temporelle au cours de l'année hydrologique et au niveau saisonnier pour mettre en évidence le système pluvial de la région d'étude

- La répartition **interannuelle** des précipitations montre une fluctuation des précipitations d'une année à l'autre et d'une station à l'autre selon le gradient altitudinal

➕ Les précipitations moyennes **mensuelles** des stations de l'aire d'étude sont marque par un maximum au mois (Novembre à Tadighoust, Octobre à Merroutcha et Janvier à L'Hamida) et un minium au mois juillet dans toutes les stations (l'été)

➕ Le régime pluviométrique moyen **saisonnier** des stations au moyen Rhéris présente un régime **AHPE**.

2-1-3 des températures élevées

La température constitue un moteur, qui puisqu'il contrôle plusieurs éléments du cycle d'eau, notamment l'évaporation et l'évapotranspiration. D'autre point de vue la température est facteur clé dans la dynamique de surface, car elle effectue le développement de l'apport en eau du sol. La température l'affecte sur les roches vulnérables aux facteurs climatiques et donc la température travailler sur la préparation du milieu aux différents types et les formes d'érosion notamment l'érosion éolienne qui caractérisent le milieu aride ce phénomène conduisent à une détérioration des ressources en terres.

Le bassin versant du Rhéris, est l'un des bassins du Maroc où les températures moyennes atteignent des valeurs très élevées, l'évolution de température au cours de l'année est assez étroitement élevée aux variations annuelles de rayonnement solaire que reçoit le bassin versant, avec des fluctuations visibles entre sa partie supérieure montagneuse et l'autre partie au bassin du SBV, ses variations spatiales des températures résultent des facteurs relatifs à l'altitude

Les données relatives aux températures dans la zone pas disponible pour les deux stations de Merroutcha et L'Hamida sauf la station du Tadighoust qui dispose de données grâce à la recherche nous nous trouvé des données climatiques pour la station d'Akrouz à la proximité de la station Merroutcha au moyen Rhéris (Mellab)

2-1-3-1 Températures moyennes interannuelles

L'étude des températures se base sur les données de 2 stations, la période d'observation s'étale de 1982-2016. En général les températures moyennes annuelles au niveau du bassin versant de Rhéris varient du Nord -Sud et L'ouest vers l'est

Station	Altitude/m	Moyen.an	Moyen Mini	Moyen Max	Amp moyen an
Tadighoust	1150	19.8	8.3 (janvier)	31.4 (juillet)	23.1
Akrouz	1080	25.8	8.6 (Janvier)	33.5 (juillet)	24.9

Tableau8 : Température moyenne extrême, température moyenne annuelles et amplitudes moyennes annuelles (ABH-GZR,1982-2016)

Le tableau représente les valeurs interannuelles des températures, ces valeurs connaissent une répartition spatiale irrégulière d'une station à l'autre à travers le tableau la moyenne minimale la plus basse avec(8.3°)de Tadighoust suivie par (8.6°) à la station d'Akrouz .d'autre part le moyen maximal reflet la même répartition la valeur la plus élevée (33,5°) est enregistrée à l'aval du bassin au niveau d'Akrouz par contre la plus basse moyenne maximale (31,°) est à Tadighoust en amont du SBV .l'amplitude thermique s'augment au nord vers le sud du bassin versant cette valeur varie entre 23.1 à Tadighoust et l'autre (24.9) au niveau d'Akrouz,l4qction direct des variations de température ; est souvent considéré comme essentiel de la fragmentation des roches (Thermoclastie) dans les zones arides telles le sous bassin

de Tadighoust-Meroutcha-L 'Hamida .l'efficacité des écarts de température réside dans l'alternance répétée de dilatations et des contractions nocturnes (MERCIER,2010 le comm de pys)

Photo 7: Thermoclastie et fragmentation mécanique des roches dans le jbel Ougnat (Cl ; Ouali, 2021)

2-1-3-2 les températures moyennes mensuelles et saisonnières

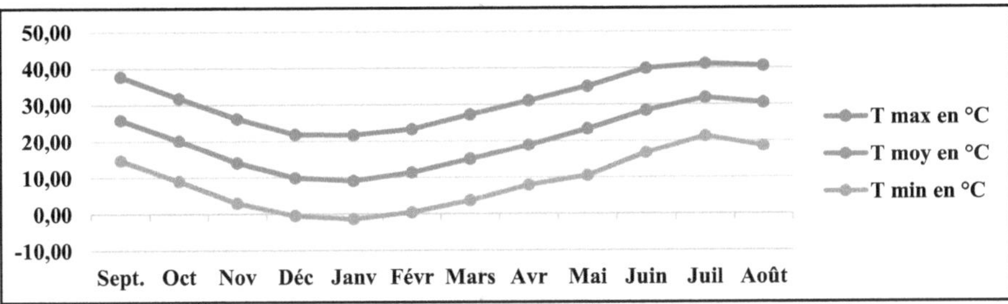

Figure34 : Températures moyennes mensuelles à Tadighoust (période 1982-2016)

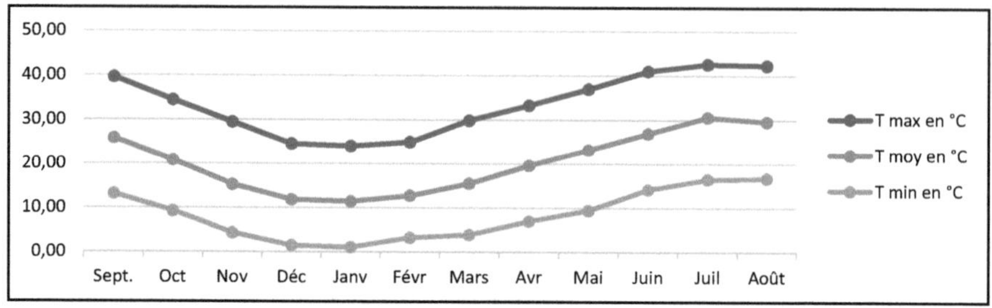

Figure35 : Températures moyennes mensuelles d'Akrouz (période 1982-2016)

Au niveau de Tadighoust les valeurs des températures connaissent une distribution irrégulière d'un mois à l'autre, Tadighoust enregistre des Températures négatives concentrées sur les mois décembre (-0.35°) et Janvier (-1.35°) les température moyenne maximale atteignent des valeurs maximums durant le mois juillet. A l'échelle d'Akrouz les températures qui présent dans la figure () montrent des valeurs variables d'un mois à l'autre, Akrouz est soumis à des températures moyennes très élèves, elles peuvent dépasser 42.55° durant le mois juillet, le minium descendant à (1.52°) décembre et (1.08°) à janvier

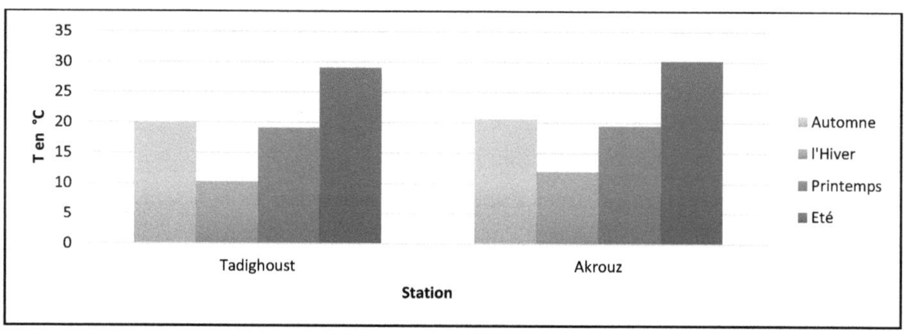

Figure :36 Températures moyennes saisonnières des stations (Tadighoust et Akrouz /1982-2016ABHGZR)

La figure 36 présente le contraste des températures moyennes saisonnières au niveau du bassin versant du TMH, à partir le figure la station d'Akrouz enregistre des valeurs extrêmes élevées en été(30.18°) suivi par automne, cela signifié que les mois les plus chauds commencent du juin vers le mois de septembre par contre les mois froids de janvier vers avril d'autre par la station de Tadighoust la température moyenne saisonnière connaissent des valeurs d'une saisonne à l'autre cette station enregistre durant l'été des valeurs extrêmes avec (29.02°) durant l'hiver

La distribution spatiale des valeurs des températures moyennes saisonnières connaît une régression en fonction de l'altitude

2-1-3-3 les températures extrêmes journalières

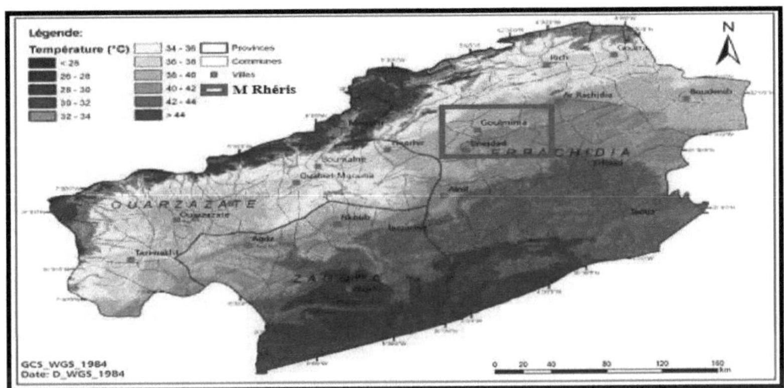

Figure 37: La température maximale journalière du mois le plus chaud/Juillet (source RBSOM, 2013) modifié

En générale la température maximale journalière du mois le plus chaud variant entre (26°) au niveau Haut Atlas et plus de 44° au sud, par ailleurs à l'échelle du moyen Rhéris les valeurs de la température maximale variant entre de (24°) à piémont du Haut Atlas (Tadighoust) et 40° à l'aval du sous bassin TMH.la même chose pour la température minimale journalière du mois le plus froid ces valeurs variant entre (2°) et (-2°) au niveau du SBV du TMH. Les valeurs connaissent un gradient thermique suit la direction NNO-SSE que le gradient hydrique **(RBOSM,2013)**

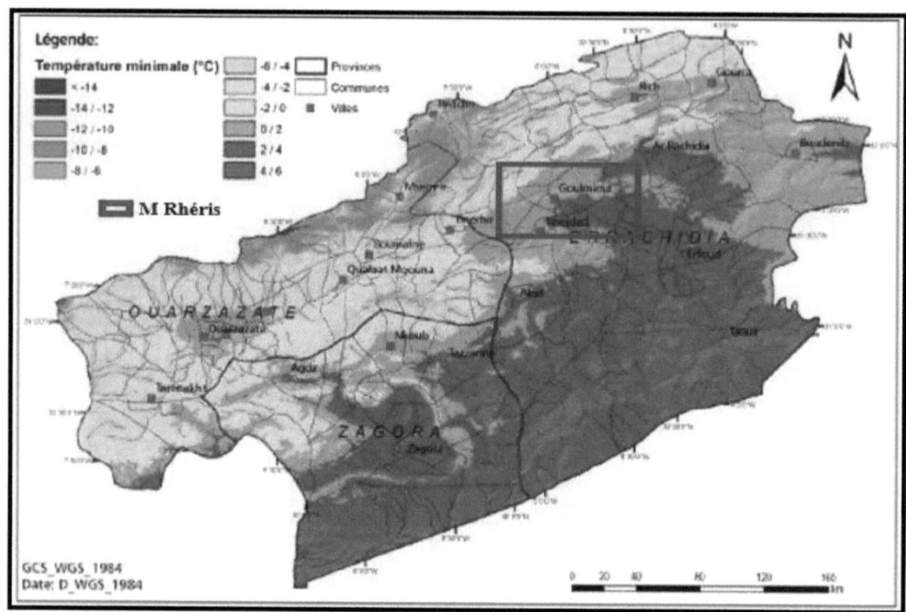

Figure 37: La température minimale journalière du mois le plus froid/Janvier (source RBSOM, 2013) modifié

2-1-3-4 Synthèses climatiques

Le calcul des indices climatiques donne une idée sur la caractérisation du climat dans le temps et l'espace. Ces indices sont valables globalement pour la zone de représentativité du poste considéré, ils ont été tout d'abord utilisés pour classer cartographier les climats par les hydrologues et les géomorphologues (Koppen, De Matrone, Gaussen) puis par les botanistes et écologues (Emberger, Thornthwhaite)

En se basant sur les données précédentes, nous dégageons quelques caractéristiques du climat à la zone d'étude

2-1-3-4-1 L'indice d'écarts à la moyenne

L'écart à la moyenne est le rapport entre le total pluviométrique de l'année considérée en (mm) et moyen des précipitations annuelles (mm) pour la série étudiée cet indice a donné une idée sur les phases pluvieuses ou sèches et leur variabilité à l'échelle de la région étudiée. L'application donc de cette méthode à la région d'étude comprenait trois stations, qui sont celle avec la plus longue série pluvieuse (60 ans)

C'est les stations Tadighoust, Merroutcha et L'Hamida

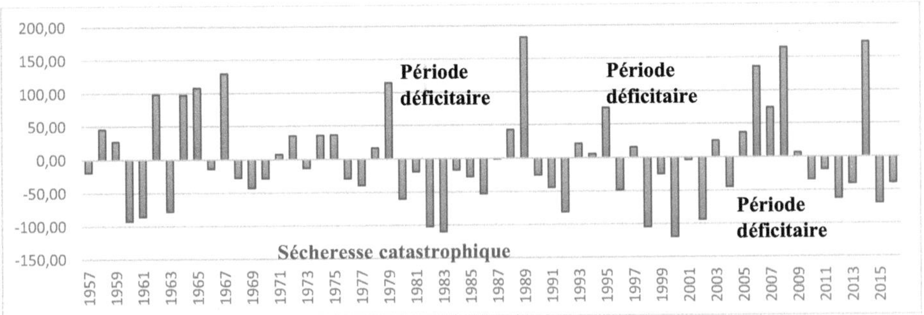

Figure 41: Variation d'écart pluviométrique dans la station de Tadighoust

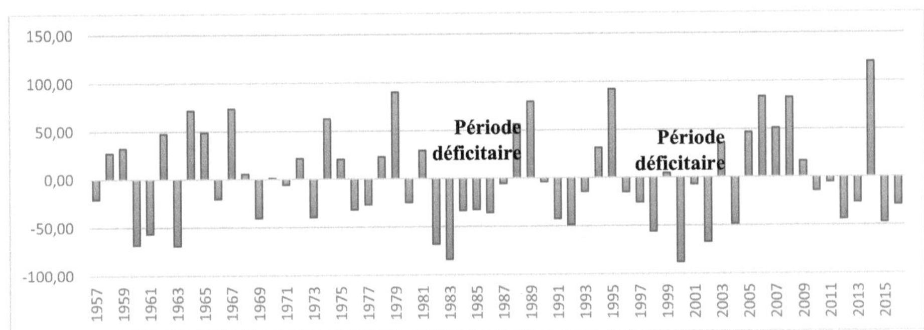

Figure42 : Variation d'écart pluviométrique dans la station de Merroutcha

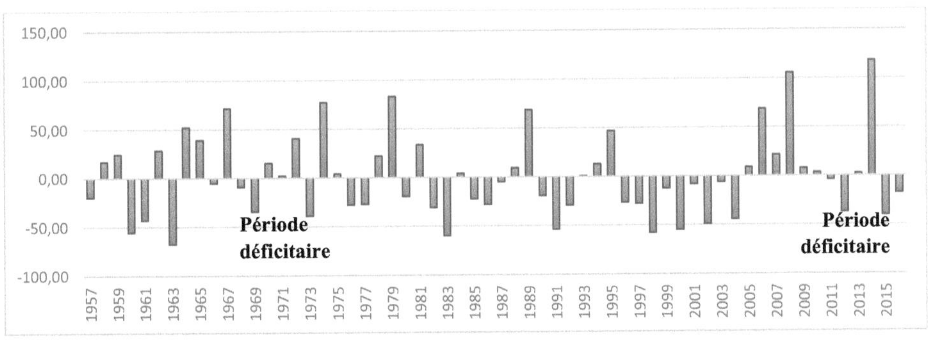

Figure 43: Variation d'écart pluviométrique dans la station de L'Hamida (Source de données brutes ABH-GZR)

Ces résultats obtenus montrent que le niveau des précipitations se caractérise par une variation d'une année à l'autre, les périodes enregistrant des sécheresses plongées sont très accusées au cours des périodes (1981-1987,1989-1994,1996-2005,2006-2013,2015 à nos jours) sont des périodes déficitaires, excepté les années 1967,1979,1989 et 2005-2009 ,2014 qui est relativement humide dans tous les stations au niveau de sous bassin Tadighoust-Merroutcha-L 'Hamida. Les écarts négatifs variant entrent (-199.40) à Tadighoust, (-88) à Merroutcha et (-67.66) à L'Hamida. Cette situation à des conséquences néfastes sur la durabilité d'écosystèmes oasienne

D'une manière générale l'analyse des données pluviométriques disponibles des stations en peut dire que le période humide couvre en moyenne 4 année, ces périodes intercalées dans le tempe et l'espace par contre les périodes sèches en moyen sur 7 ans plus fréquent et influe négativement sur l'agrosystème oasienne la distribution des valeurs d'écarts pluviométrique sur la période d'observations sont dextrement irrégulière, si l'alternance de saison humide et sèche.

2-1-3-5 Le vent, est un agent d'érosion et d'gradation d'agro-système oasienne

Le vent, qui est un agent d'érosion, de transport et de formation des dunes, est une masse d'air en mouvement selon une composante horizontale qui s'écoule des hauts vers les basses pressions (Ergs). Compte tenu de sa position géographique et bioclimatique aride, le moyen Rhéris représente un couloir des vents .il forme par conséquent, un domine qui favorise les phénomènes d'ensablement, ces derniers devient menaçants et facteurs de dégradation des milieux oasien (LAAOUANE 2004)

les mois	Sept	Oct	Nov	Déc	Janv	Févr	Mars	Avr	Mai	Juin	Juil	Août
vent m/S	2,05	1,68	1,59	1,52	1,65	1,77	2,10	2,31	2,41	2,39	2,33	2,49

Tableau11 : Vitesse des vents en m/s à la station de Tadighoust (86-16)

A partir le tableau on peut être divisée en deux phases selon la vitesse du vent d'une part et la période mensuelle d'autre part. La période de mars à sept connaît une montée de la vitesse du vent variant entre 2 m/s et 2,5 m/s L'autre période d'octobre À février. Est connu comme une diminution de la vitesse A qui reste en dessous du seuil de 2 m/s

Selon les études réalisées (Benlla, 2003), il est généralement distingué deux types de vents dans le domaine d'étude :

Chergui : La raison de leur nom est due à la source de leur soufflage (l'Est), et il se caractérise par être actif de la fin de l'été et du début du printemps, et il dure plus longtemps et a la chaleur et la sécheresse qui contribuent à la destruction d'un groupe de cultures agricoles, et provoquent de graves tempêtes de sable en spirale soudaines et contribuent également à la détérioration du sol (Benlla, 2003).

Sahel : Bien que ce vent souffle de l'ouest, c'est-à-dire de l'océan Atlantique, il perd sa charge de pluie en raison de la grande distance qu'il parcourt (500 km) pour atteindre, ainsi que des barrières montagneuses qui coïncident avec lui. Selon Magret, travers l'étude qu'ils ont menée pendant la plupart des jours, ils ont enregistré que la vitesse du vent augmentait :

- **21h vers 7h la vitesse variante entre 0 et 2 m/s**
- **7h vers 14h la vitesse variante entre 2 et 4 m/s**
- **14h vers 17h la vitesse variante entre 4 et 8m/s**

2-1-3-6 Evaporation très élevée à la saison estivale

L'évaporation est la contrainte majeure à l'agriculture et à la perte d'eau dans un milieu où la ressource en eau est rare et les oueds permanents (Obda et al, 2019). Ce phénomène (l'évaporation) joue un rôle indispensable dans le cycle de la vie sur Terre. Le cycle de l'eau (l'eau liquide devient nuage, puis retombe en pluie ou neige) requiert cette étape (VIGNEAU, 2000)[9].notons que nous étudierons le phénomène d'évaporation à la station de Tadighoust en raison du manque des données sur les autres stations.

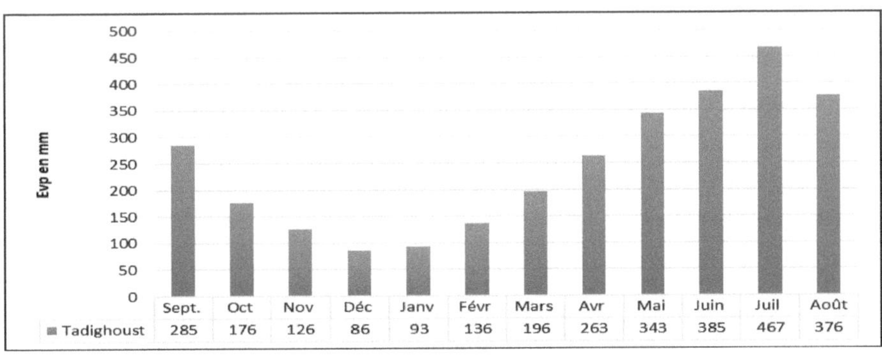

Figure44 : l'évaporation mensuelle à la station de Tadighoust en (mm)

L'évaporation influe beaucoup sur l'état hydrique du sol, elle dépend essentielles de la température, de l'humidité et de la vitesse du vent. A partir la figure, la zone d'étude est caractérisée par une très forte évaporation en effet, l'évaporation annuelle à la station de Tadighoust est 2877 mm. L'évaporation des mois juin et juillet et aout et très élevés alors que le minium est attient au cours des mois décembre et janvier

2-1-3-7 Humidité très faible

Le paramètre humidité désigne en météorologie la quantité de vapeur d'eau contenue dans l'air. Cette eau provient de la condensation de la vapeur d'eau présente dans l'air (climatologie 2021). Le figure ci-après montre que, l'humidité relative à région d'étude indique à des valeurs très basses cependant, au sien de l'oasis est excepté de cette basse.

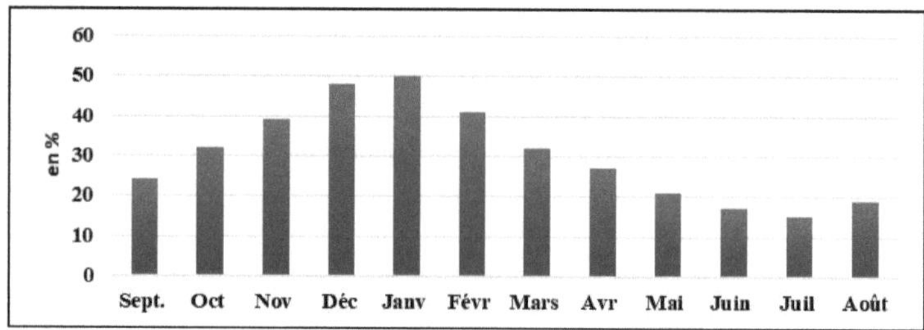

Figure45 : l'humidité relative moyenne mensuelle à Tadighoust en (%)

2-1-3-8 Evolution régressive des ressources en eau superficielle

La spéciéité hydrologique des milieux présahariens et sahariens est le caractère discontinu irrégulier des phénomènes hydrologiques dans l'espace et dans le temps. Cette spéciéité hydrologique se traduit par trois principaux aspects hydrologiques les plus répondus dans milieux à savoir l'endoréisme[10], l'aréisme[11] et l'intermittence des écoulements (obda et al, 2019)

---

[10] **L'endoréisme :** est donc le caractère des régions où l'écoulement n'atteint pas la mer et se perd dans les dépressions fermées. (http://www.ecosociosystemes.fr/areisme.html-29/06/2021)

[11] **L'aréisme** est un terme d'hydrographie qui caractérise une région dans laquelle il n'existe aucun réseau hydrographique organisé. Il caractérise des régions privées presque complètement d'écoulement superficiel soit par suite d'une perméabilité excessive, soit à cause d'un relief inexistant (pentes nulles) dans une région peu arrosée.(Wikipédia-29/06/2019)

Le régime d'alimentation à l'échelle de l'oued Rhéris et pluvionivale en fonction des saisons, à la fois par les précipitations tombées en amont du bassin versant (P>200 mm) et par fois l'écoulement due à la fonte des neiges sur les sommets du Haut Atlas.

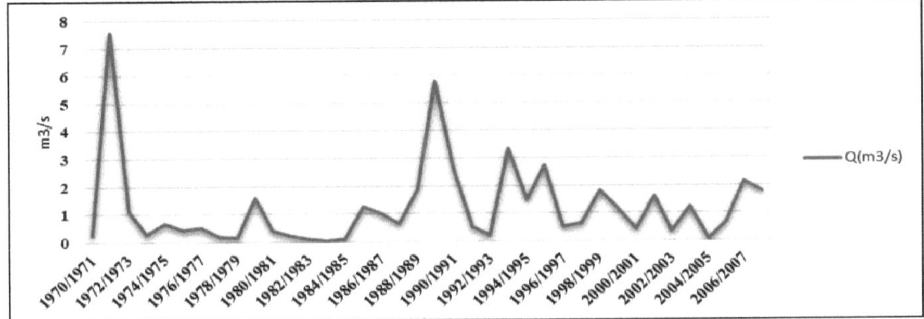

Figure46 : Evolution du débits de Rhéris à la station hydrométrique de Tadighoust (1970/1971-2006/2007) ABH,2021

A l'échelle du sous bassin de Tadighoust-Merroutcha-L 'Hamida, le débit moyenne interannuelles est généralement faible et irrégulier. L'année 72-71 est enregistré un débit élevé avec 7.56 m³/s suivie par l'année 82-90 qui enregistré un débit 5.78 m³/s

Durant la période 80-81/84-85 Oued Rhéris a connu une baisse significative due a la sécheresse catastrophique des années quarto-vingt qui a eu des conséquences négatives sur l'agro-système, c'était donc la raison de la disparition d'agriculture en la Bour qui dépend sur les crues (le faïd) de l'oued Rhéris notamment Tarza, Tizorine et Bour Oulad Ali à l'val de Tilouine (questionnaire 2021)

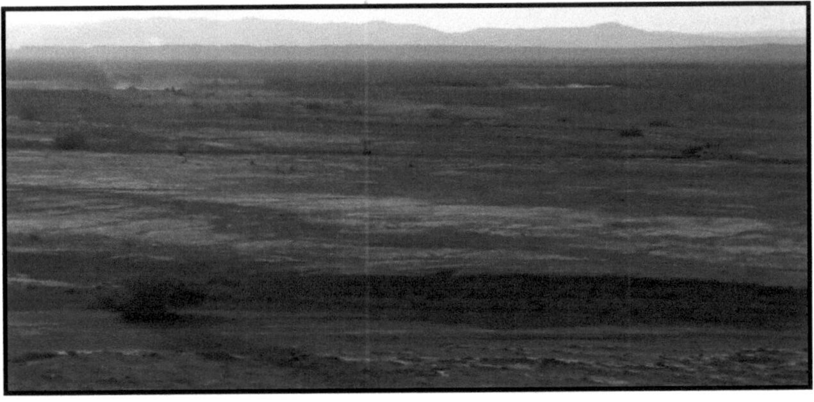

Photo8 : vue panoramique à la zone de Tarza indiquant la dégradation des terres et régressions des activités agricoles (Cl ; Ouali, 2021)

Le potentiel en eau de surface (figure47) le plus élevée est enregistré à l'amont du bassin versant du Rhéris au niveau de sous bassin versant de Tadighoust et celui de Merroutcha par contre le sous bassin de Tadighoust-Merrouctha -L'Hamida est enregistré la moitié de Tadighoust en amont cette situation affectée l'entendue de la surface irriguée

Ce gradient hydrique de l'amont vers l'aval s'explique par la pénurie des précipitations et l'absence d'affluents importants à l'aval, mais aussi par l'intervient anthropique par l'exploitation agricole

Figure 47: Répartition des apports naturels dans la région d'étude à l'échelle de Bv de Rhéris

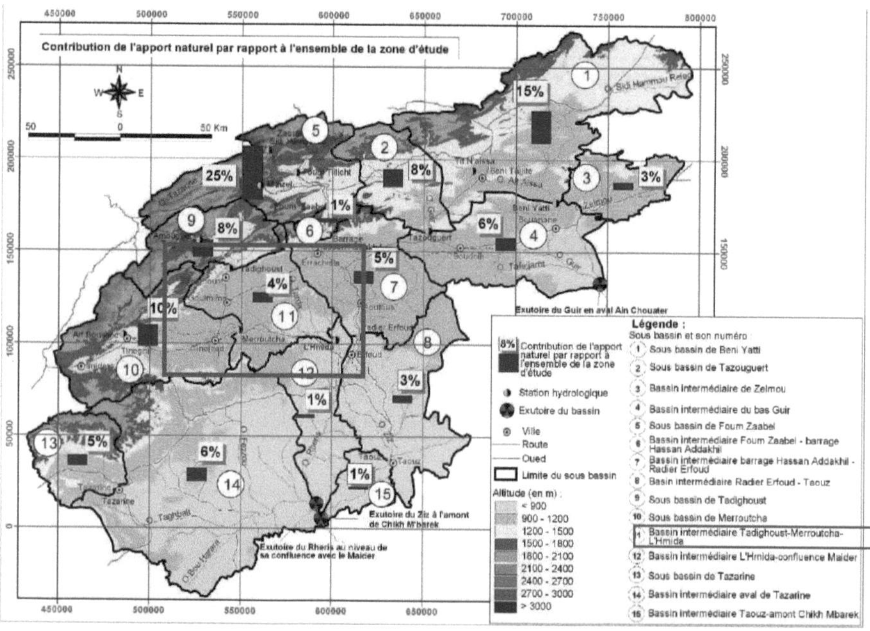

(source ABH-GZR,2018)

II-2 L'agriculture et pression anthropique sur les ressources en eau

L'eau est un élément spécifique et structuré des zones oasis du sud-est du Maroc. Ainsi, le choix de site et la mise en place de l'oasis s'en basent sur la présence de l'élément de continuité de la vie.

Le présent axe pour objet d'étude d'inventaire des prélèvements des eaux souterraines, cette étude se focalisera sur l'identification des exploitations agricoles, caractéristiques parcelle dans l'ancienne oasis et dans les zones d'extension ainsi que d'évaluation des volumes prélevés **(dans cet axe, je vais vous présenter les résultats obtenus par l'enquête de terrain et 100 questionnaire)**

2-1 l'origine des agriculteurs

L'agriculture, qui reste la principale activité de la population, trouve peu des conditions favorables dans le moyen Rhéris, pendant la dernière dix années l'oasis ancienne de Tilouine, il a connu une dégradation avancée en raison de la diminution des ressources en eau superficielle dont dépendent les agriculteurs pour l'irrigation. D'une part les tribus de Tilouine à travailler sur la distribuions des terres collectives selon la personne de chaque famille, cette situation à contribuée à l'expansion des activités agricoles, et à l'augmentation du nombre des exploitations qui dépendant sur les ressources en eau souterraine.

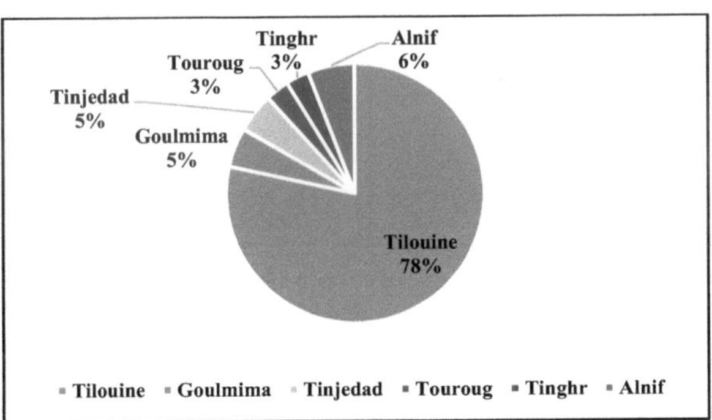

Figure 48: l'origine des exploitants (agriculteurs) selon les Ksours (Questionnaire 2021)

Du fait de la présence de deux facteurs principaux à savoir la fertilité du sol à côté de l'oued Rhéris et Rjjal et le faible prix des terres, cela a favorisé l'accueil d'un grand nombre d'investisseurs dans le domaine agricole (figure48) au niveau de la zone d'extension et à khettaras de Moulay hacham

La présence des investisseurs de Qasr Alnif et Tinghr au niveau du khettara de Molay hachem s'explique par le fait que les propriétaires de ce khettara ont vendu leurs exploitations en raison de la sécheresse des années quatre-vingt et la baisse de niveau des nappes qui alimentent le khettara

2-2 Identification des exploitations

Tableau 12 : Répartition des exploitations agricoles par les zones d'extensions

la zone extension	N exploitation
khettara Moulay hacham	20
Tilouine Nord	40
Bouchiha	30
Laaouane	10
Total	100

Le nombre important d'exploitations se situe au niveau de Tilouine nord (40%) suivi par Bouchiha (30%), soit de 70% nombre total d'exploitations, cette concentration de nombre d'exploitations s'explique par le nombre important des personnes utilisateurs des terres

Photo 9: Exploitation enquêtée à Tilouine Nord (cl ; Ouali,2021)

Photo 10: Exploitation enquêtée à khettara de M hacham (Cl ; Ouali,2021)

2-2-1 Statu foncière dominée par le *'Melk'*

La figure ci-après représente les résultats obtenus relatifs aux statuts fonciers des exploitations enquêtée

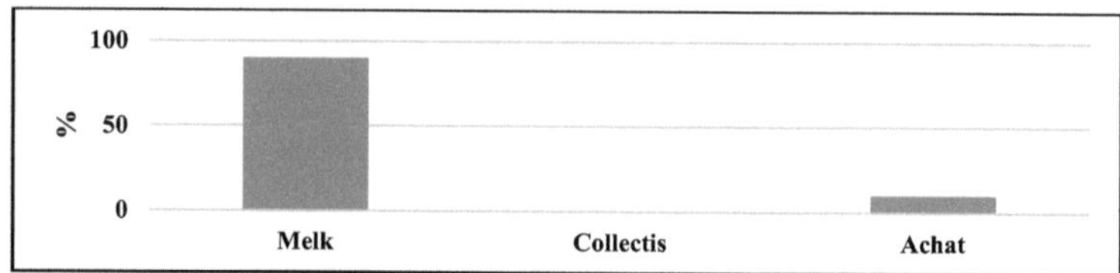

Figure49 : La répartition des statuts fonciers des agriculteurs enquêtés (questionnaire 2021)

En général le patrimoine foncier à la zone d'action de ORMVATF est caractérisé par la dominent de type (figure 49) **'Melk',** au niveau de la zone d'étude les statuts fonciers des exploitations agricoles des agriculteurs enquêtés sont en grande partie de Melk. Une proportion de 90% des enquêtés disposent le statut de Melk et seulement 10% des enquêtés qui ne dispose pas le statut Melk ce sont eux qui sont au niveau de khettaras de Moulay hacham à l'amont de de l'oasis ancien Tilouine.

2-2-2 La taille et forme des exploitations (micro-parcelle)

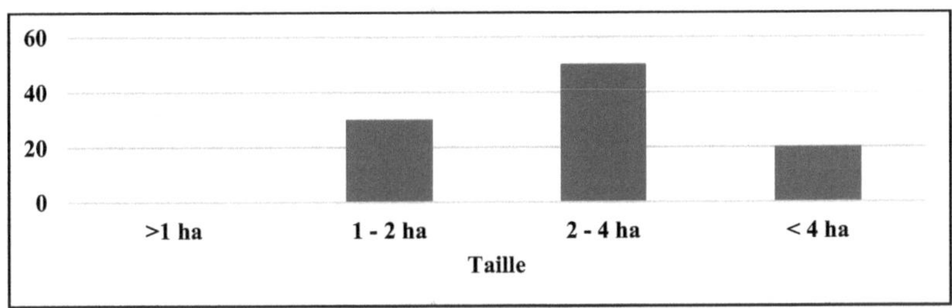

Figure 50: Taille des exploitations agricoles (questionnaire,2021)

D'après les résultats de l'étude réalisés par la coordination d'agriculture à Goulmima (ORMVAT, 2016), les tailles des exploitations agricoles ont moins de cinq hectares sauf les exploitations au niveau de Khettara Moulay Hacham et ces environs. Les tailles d'exploitations agricoles enquêtés (le figure50) sont toutes inférieurs à 5 ha, la lecture souligne que 50% des exploitations sont comprise entre [2-4] ha suie par la calasse [1-2] ha soit de 70% de surface totale. De plus ces exploitations sont toutes regroupées (figure51)

L'analyse des tailles d'exploitations pour estimer les volumes prélevés par hectare par classe.

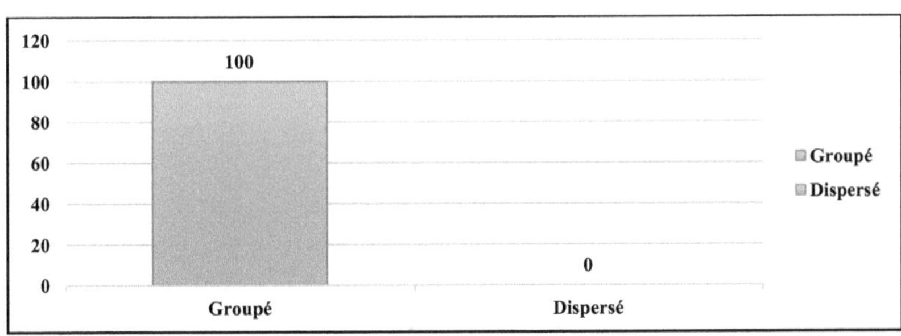

Figure 51 : Formes d'exploitations (questionnaire,2021)

2-2-3 l'origine des travailleurs

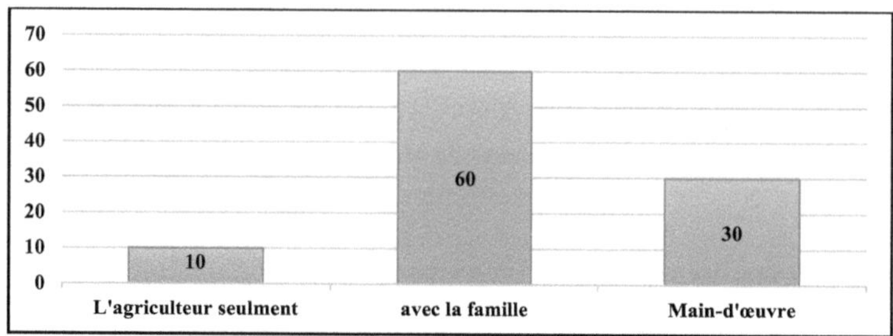

Figure 52: l'origine des travailleurs dans les exploitations enquêtés (2021)

Au niveau des grandes exploitations agricoles à supérieurs 5 ha les investisseurs utilisent l'emploi des habitants locaux, (70 dh par jour)

2-2-4 Superficies totales irriguées

Le % des superficies agricoles totales irriguées des exploitations totalise indiquant dans le tableau ci-après, est 100% pour toutes les exploitations dans chaque zone d'extension

Tableau13 : le % des Superficies totales irriguées des exploitations agricoles

la zone extension	N exploitation	% S irriguées
khettara Moulay hacham	20	100
Tilouine Nord	40	100
Bouchiha	30	100
Laaouina	10	100

2-3 Surpompage et les activités agricoles

2-3-1 les ressources en eau utilisées

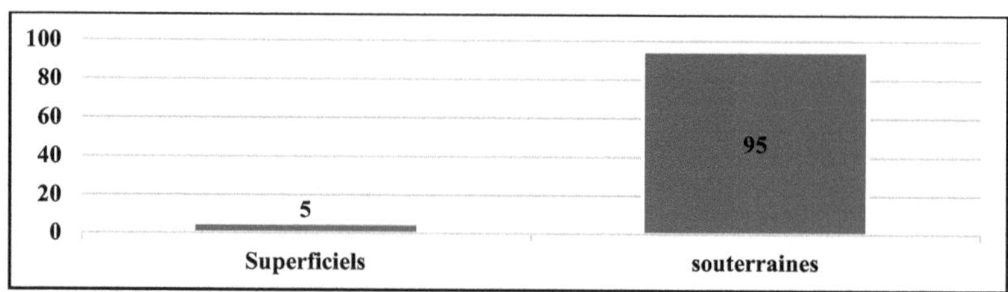

Figure 53: Les ressources en eau utilisées dans les zones d'extension (questionnair,2021)

Dans la zone d'étude l'irrigation des cultures pratiquées dans les parcelles, provenait essentiellement sur les ressources souterraines (95%), à travers creusement des puis de façon individuelle avec la présence par fois de deux à trois des puits dans la même parcelle (au niveau de Khettara de m Hacham), Par ailleurs les parcelles provenaient sur les ressources superficiels (5%), les agricultures utilisent les pompes mobiles pour irriguer les cultures, au niveau Oued Rjjal (Photo 11)

Photo 11: l'utilisation des canaux pour l'irrigation des parcelles à partir de l'oued Rjjal (Cl ; **Ouali,2021)**

2-3-2 Cultures pratiquées

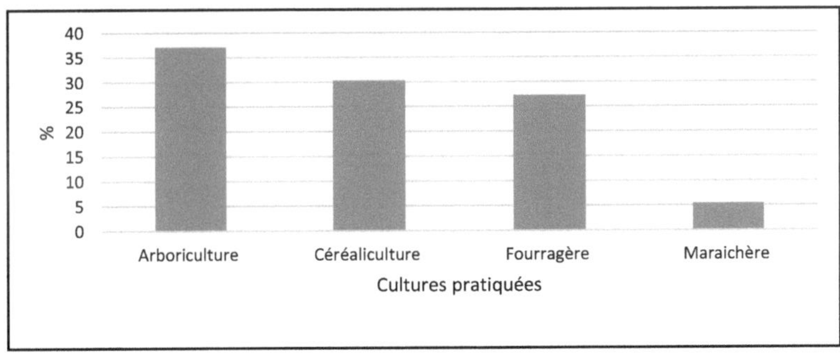

Figure 54 : Distributions des cultures pratiquées dans les exploitations étudiées (questionnaire,2021)

La distribution des cultures pratiquées dans les exploitations étudiées est dominée par les arboricultures (Palmier, olivier ...) suivi de céréalicultures qui occupent 30% des surfaces (blé, orge ...), et le reste 32,4 % est dominé par les fourragères et maraichères

Photos 12: illustrant les types des cultures pratiquée par exemple (les arbres fruitiers et fourragers-Luzerne) au niveau de kha Moulay hacham et la zone de Laaouina (Cl ; Ouali,2021)

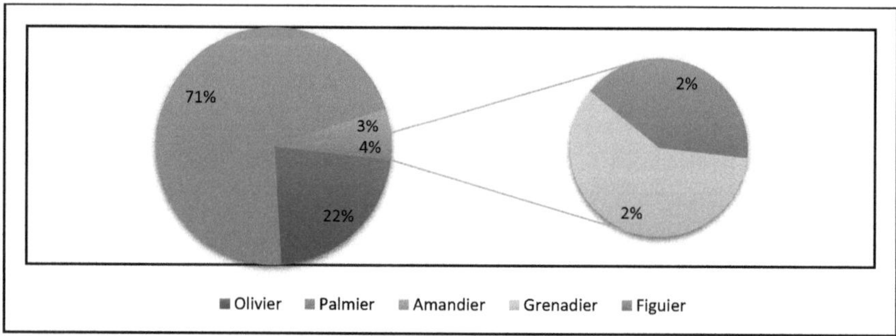

Figure55 : Nombre des arboricultures recensées dans les exploitations (questionnaire,2021)

Les arboricultures recensées au niveau des exploitations enquêtées sont de 1205 pieds dont les plus dominants sont généralement l'olivier et le palmier dattier (fagoues et Mahjoul).

2-3-4 les Modes d'irrigation dans les zones d'extension

Les techniques d'irrigation comprennent les techniques d'arrosage et les techniques d'aménagement du terrain (CONAC,1994) à l'échelle des parcelles enquêtées peut distinguer entre deux types d'irrigations.

Photo 14: l'irrigation par Gamon   Photo 14 : l'irrigation par les billons

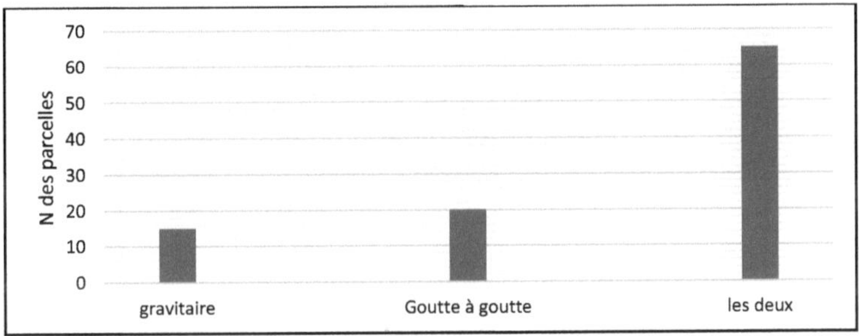

Figure56: Répartition des parcelles par le type d'irrigation (questionnaire,2021)

Dans l'irrigation gravitaire, les terres sont aménagées en bassins, dits '**Gamon**', mais dans le cas des billons, le sol doit être façonné en bourrelets de terre. A partir le figure l'irrigation complexe (gravitaire et goute à goute) constitue le mode d'irrigation le plus pratique avec un taux de 65% suivi par 20% des parcelles irriguées par goute à goute est en fin 12 % gravitaire

2-3-5 les sources d'eau inventorient (les puits)

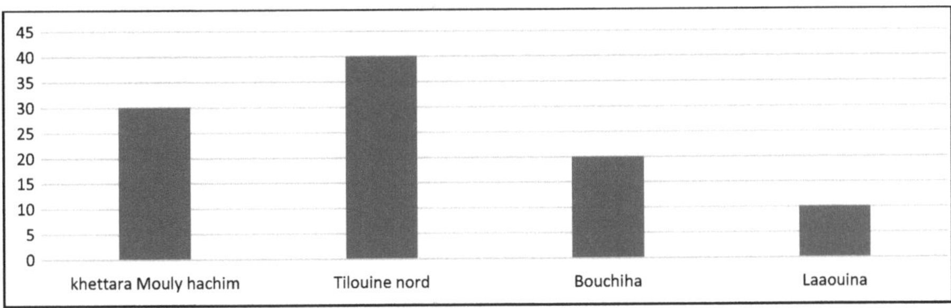

Figure57 : Répartition des points d'eau (puits) inventoriés par chaque zone (questionnaire 2021)

Dans la zone d'étude ont peut relever 100 points d'eau usage agricole, qui se répartissent dans une proportion de 40% au niveau de Tilouine nord et 30% au niveau de khettara de moulay hacham est 30 % entre Laaouina et bouchiha. Les points d'eau au niveau de l'aire d'étude ont été classés en deux catégories puits creusé par soldage et les puits traditionnels (Photo15). Les points d'eau inventoriés dans l'aire de l'étude sont totalement d'usage agricole (100%) équipés d'une motopompe utilisée pour les prélèvements

Photo 15: Techniques de creusements des puits traditionnelles à Tilouine nord (Cl ; Ouali,2021)

2-3-6 Date de réalisation des points d'eau

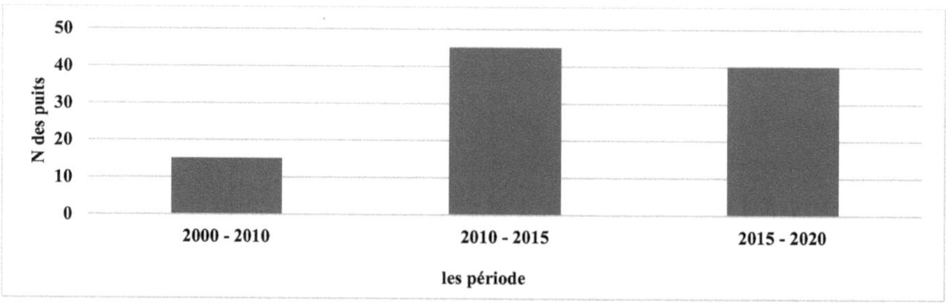

Figure58 : Evolution du nombre des points de prélèvement d'eau (questionnaire,2021)

Les dates d'équipement des points d'eau ont été classées en trois catégories. Le graphe ci-dessus montre, que l'équipement de ces derniers a connu évolutions successives d'une période à l'autre

- durant la période 2000-2010 le nombre des puits de prélèvement sont tous au niveau du khettara moulay hacham
- Durant la période 2010 – 2015 l'augmentation du nombre des puits forés au cours de cette période s'explique par le fait que les premiers débuts de distributions des terres par

- les familles donc 2014 c'est l'année ou le creusement a commencé de manière significative surtout dans Tilouine nord, Bouchiha et Laaouina
- Durant la période 2015 – 2020 le creusement des puits a connu une régression due à la surveillance de l'agence de bassin hydraulique en raison la diminution rapide de niveau de la nappe quaternaire de goulmima .

2-3-7 Profondeur des puits et niveau d'eau

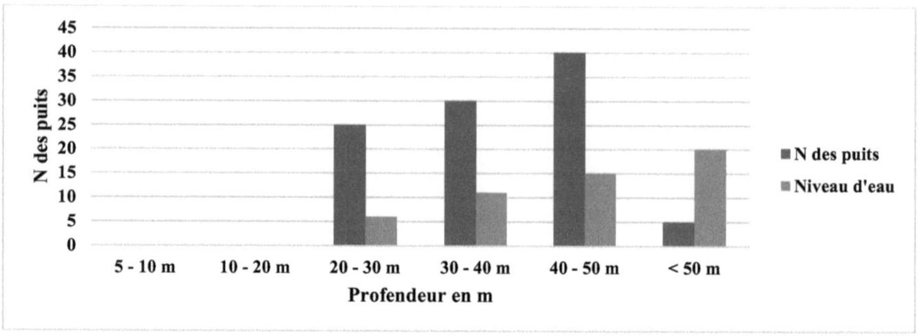

Figure 59: Répartition des classes de la profondeur et niveau d'eau (questionnaire,2021)

La profondeur des puits varie d'une zone à l'autre en fonction de la profondeur de la nappe phréatique, et selon la nature lithologique et, les techniques de creusement utilisé. L'analyse des résultats montre que les profondeurs totales des puits variant entre (20 et 50 m) se présent comme suite

- 25% des puits compris entre 20 et 30 m
- 30 % des puits compris entre 30 et 40 m
- 40 % des puits compris entre (40 et 50 m) et le reste 20 % à supérieure de 50 m

Le niveau de l'eau dans les puits varie selon la profondeur des puits

2-3-8 Type d'énergie, l'utilisation mensuelle et saisonnière d'eau

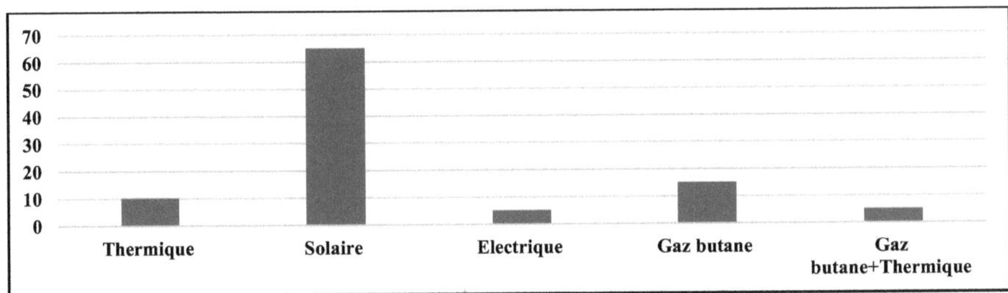

Figure 60: Types d'énergie utilisée (questionnaire,2021)

Les puits équipés, presque 65% des stations de pompage utilisent l'énergie solaire, 10% thermique, 5% électrique ,15 % gaz butane et 5 % complexe (gaz butane et thermique (Photo16)

Photos 16: les énergies utilisées, les Panneaux solaires et gaz butane

L'utilisation de l'eau varie de mois en mois d'une part et d'une saison à l'autre d'autre part selon le type des cultures et leurs besoins en eau

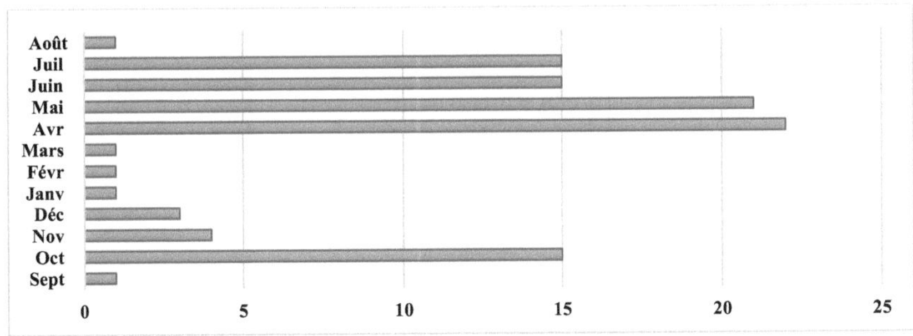

Figure61 : les mois ou les agriculteurs utilisent les eaux du puits

Comme je l'ai mentionné précédemment , les besoins en eau de l'agriculteus sont satisfaits selon le cycle agricole annuel , les mois qui consomment le plus d'eau sont :

> Les mois avril et mai : agriculture pratiquée durant de deux mois les céréales, légumineuses, fourragère. L'augmentation des besoins en eau est due à l'expansion de la surface cultivée.

> Le mois octobre : début d'agricultures et préparation du sol

> Les mois juin et juillet : l'augmentation des besoins d'eau due à l'augmentation de 'température durant la période estivale

malgré cette pression continue sur les ressources en eau souterraine ; elles restent insuffisantes et ne répondent pas aux besoins de l'agriculteur

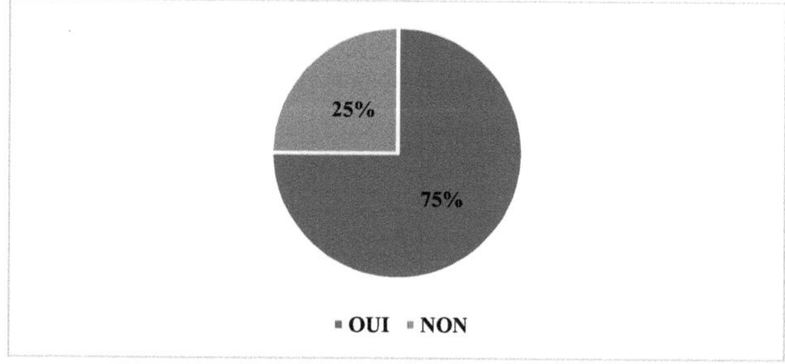

Figure 62: le désir des agriculteurs de creuser plus de puits (questionnaire,2021)

Conclusion du chapitre

Au terme de ce chapitre sur le volet climatique et pression anthropique sur les ressources en eau souterraine en peut soulignées :

- la zone d'étude est caractérisée par climat aride
- La répartition **interannuelle** des précipitations montre une fluctuation des précipitations d'une année à l'autre et d'une station à l'autre selon le gradient altitudinal
- Les précipitations moyennes **mensuelles** des stations de l'aire d'étude sont marque par un maximum au mois (Novembre à Tadighoust, Octobre à Merroutcha et Janvier à L'Hamida) et un minium au mois juillet dans toutes les stations (l'été)
- Le régime pluviométrique moyen **saisonnier** des stations au moyen Rhéris présente un régime **AHPE**
- L'irrégularité saisonnière des températures est contractée la température oscille _1 en hiver à 45 en été
- Régression continue des ressources en eau superficielle en raison de la fréquence des années sèches
- Pression continuée sur les ressources en eau souterraine

Tous ces facteurs étudiés **(anthropique et naturelles)** ont une forte relation entre eux, car la fréquence des années de sécheresse entraine une baisse des eaux de surface ; ce qui incite l'agriculteur à utiliser de manière significative les ressources souterraines surtout ces dernières années

> **Quelles sont les conséquences de ces contraintes anthropiques et climatiques et quel est le rôle des acteurs dans réhabilitation de l'oasis ?**

III

Les aspects de dégradation et Le rôles des acteurs institutionnels dans la conservation et aménagements de l'oasis

III-1 Les aspects de dégradation d'espace phoenicicoles de Tilouine

III-2 Les rôles des acteurs institutionnels en matière conservation de l'oasis

Introduction

Comme no l'avons abordé dans le deuxième chapitre le facteur naturel et anthropique, deux principaux facteurs qui contribuent négativement au déséquilibre environnemental dans le domine d'étude, ce chapitre présent les conséquences spatiales, provoqués par les facteurs anthropiques et naturels quant au deuxième axe il est consacré à l'inventaire des acteur national, régional, local, et international. Et leur rôle dans le cadre de conservation des oasis

III-1 Les aspects de dégradation d'espace phoenicicoles de Tilouine

3-1-1 la dégradation provoquée par la sécheresse

La sécheresse est un événement régional important qui se produit lorsque la disponibilité de l'eau naturelle est inférieure à la moyenne (THIERRY,2019) la sécheresse peut être considérée comme une déviation des conditions climatiques à long terme de variables telles que les précipitations, l'humidité du sol, les eaux souterraines et le débit **(Faleh,2014)**. En effet, selon l'étude réalisée par le PNUD, en 2012 les tendances climatiques à travers l'utilisation des modèles climatiques et des scénarii de changements climatiques dans les zones oasiennes au Maroc prévoient une augmentation des températures moyennes de 1 à 2.2°C entre 2020 et 2050 ainsi qu'une transformation importante de la saisonnalité des précipitations pluviométriques(figure63).

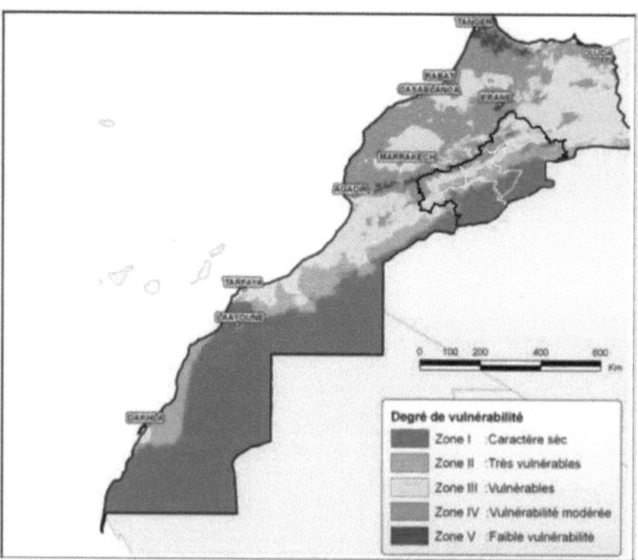

Figure63 : Zones vulnérables à la sécheresse agricoles au maroc,2009 (source : SNART-DT,2020)

A la lumière des données ci-dessus et les résultats obtenus par l'analyse des données climatiques (température, précipitation, l'aridité...). La sécheresse au niveau de la région d'étude constitue l'une des catastrophes naturelles dont les impacts affectent différents niveaux, notamment l'agriculture. La succession des années de sécheresse (1957,1960,1983, 1988, 2000, 2001, 2002, 2011, 2012, 2013, 2014, 2015, 2016, 2020, 2021) a eu des incidences néfastes très sensibles sur les ressources souterraines disponibles, ce qui a contribué d'une manière efficace à l'augmentation des terres en jachère.

De point de vue environnemental, les impacts de la sécheresse se manifestent au niveau de la zone d'étude (photo14)

Photo14 : vue de l'intérieur d'un secteur de la palmeraie de Tilouine. On observe l'état agonisant des palmiers dattiers et Olive avec parcelle abandonnée à cause de la sécheresse /A-q el Bour, B-q Bouchiha, C-q el jdide, D-q Laaouina (Cl, Ouali,25/06/2021)

Les oasis toujours plus menacées, par l'avancement la désertification due par la sécheresse. Comme on peut le voir dans les photos ci-dessus, la palmeraie de Tilouine connaissent une perte variante et croissant d'espèces végétales de l'amont vers l'aval de l'oasis. Cette posture n'est pas seulement le résultat de la sécheresse, mais aussi, par l'intervention des facteurs anthropiques (négligence, surpompage en amont des sources)

3-1-2 Régression continuée des ressources souterraines.

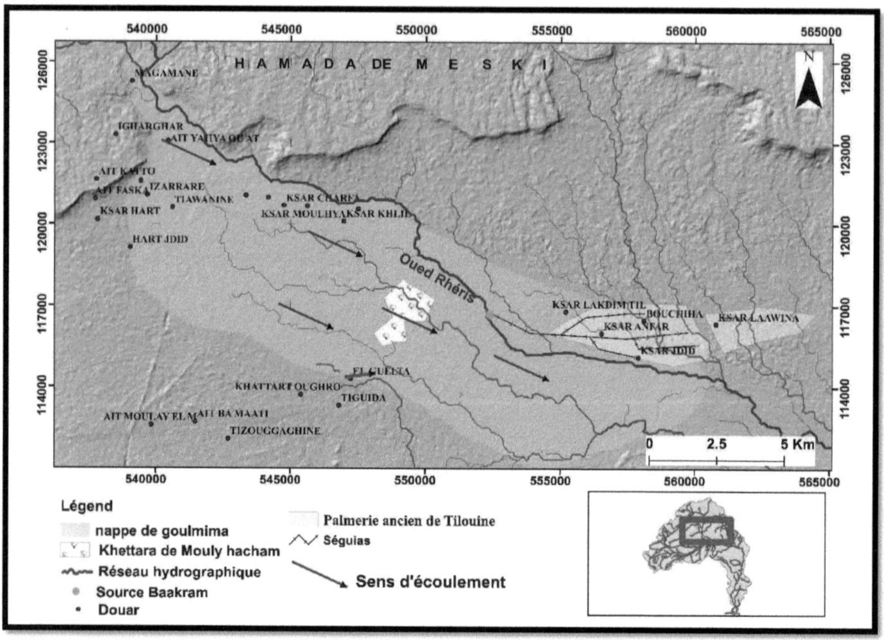

Figure 64 : Nappe quaternaire de goulmima (source : T Personnel /d'après PDAIRE)

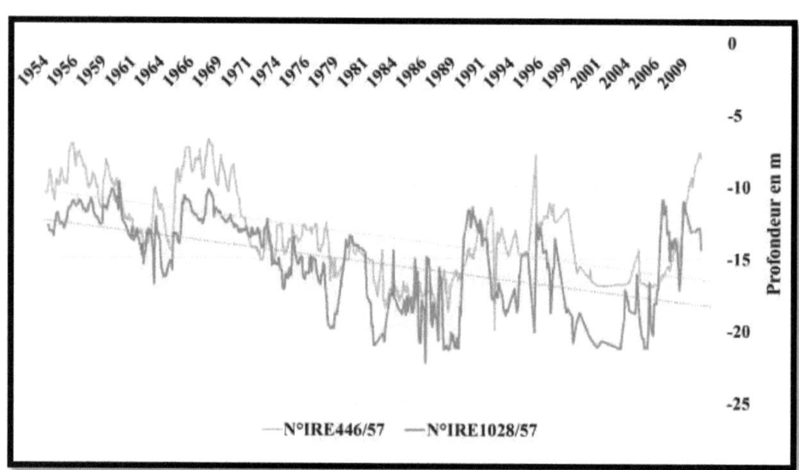

Figure 65 : l'évolution de la nappe entre 1954 à 2011 (ABH)

La structure de l'écoulement est influencée par les prélèvements par surpompage dans la zone du khettaras de Moulay hacham et ses environs, la recharge de la nappe quaternaire s'effectue en grande partie à partir du col entre goulmima et khettara (MAHBOUB,2017)

Selon les résulta de PDAIRE, l'historique piézométrique de la nappe, connaitre généralement des baisses durant les années 1980 coïncidant avec la période des sécheresses, puis une remonté de la nappe à partir de 1989(PDAIRE). A partir les années 90 les surfaces cultivées de khettara Moulay hacham a connu une augmentation rapide provoquée par la création de nouvelle exploitation agricole équipée par des pompes modernes (Figure67)

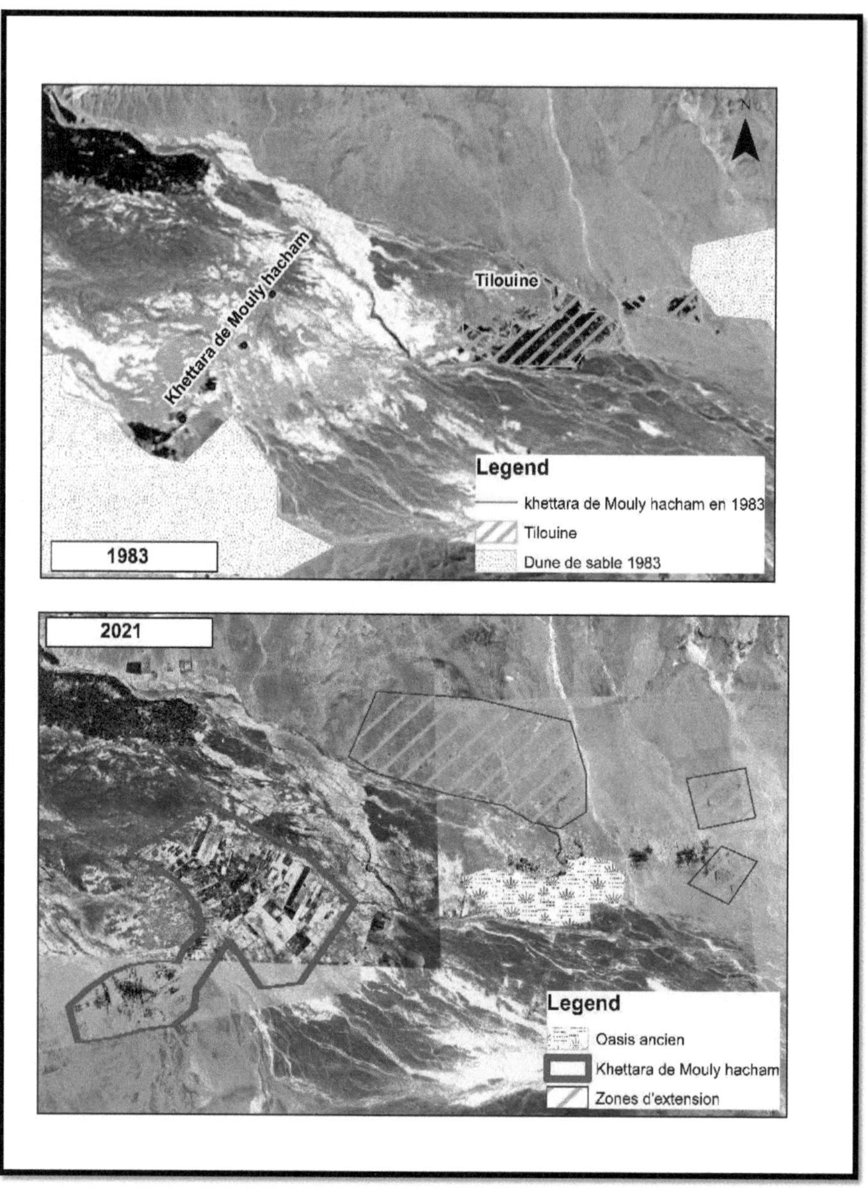

Figure 67: Expansion spatiale du khettara de Moulay hacham durant 1983 et actuelle (source : google Earth)

Tableau 14 : Bilan des entrées-sorties de la nappe quaternaire de goulmima (ABH-2018)

Entrées	Volume (Mm$_3$)	Sortie	Volume (Mm$_3$)
Infiltration pluviale	1,58	Prélèvements par pompage	4,71
Abouchement latéral	1,04	Sortie aval	0,46
Infiltration des eaux de l'oued Rhéris	0,78		
Retour des eaux irrigation	Prélèvement Agricole	0,94	
Ain Tamda N'Masaoud	0,59		
Total	4,93	Total	5,17
Bilan	-0.24 Mm		

D'après le tableau 14, les prélèvements actuels par pompage utilisés pour l'irrigation dans la zone d'étude sont estimés de 4.71Mm^3 (ABH-2018). En revanche le volume de l'eau extrait par le pompage est estimé de 5.17Mm^3

Après avoir comparé les deux valeurs (entré et sortié) nous constatons que Le bilan montre un **déficit**, l'écart est 0.24Mm^3

3-1-3 Dysfonctionnement du système traditionnel.

D'après le travail de terrain à l'intérieure de l'oasis ancienne de Tilouine on constate que grande partie des parcelles alimentée par l'eau provenant à partir de **Baakram.** En plus en observe que les activités agricoles à l'aval de l'oasis est totalement absentes à cause la rareté d'eau dans Séguias (tab 15)

N de séguias	Périmètre irrigué	Observation
Masaaodiya	Tilouine droit	Asséché
Mahfoudia	Tilouine gauche	Asséché
Rjjal	Bouchiha	Baisse au débit

Tableau 15 : Situation actuelle des Séguias au Tilouine (la palmeraie ancienne) source : T de terrain 2021

Photo 17: Prise d'eau de Baakram en 2019 et l'état actuel (cl, Ouali,2019/2021)

D'après le tableau 15et les photos 17 le système traditionnel d'irrigation à l'ancienne palmeraie de Tilouine connut une crise catastrophique due par les fluctuations du débit de la source artésienne Baakram. En plus d'irrégularité des crues de l'oued Rhéris durant les dernières années qui alimenté les nappes phréatiques (Figure69)

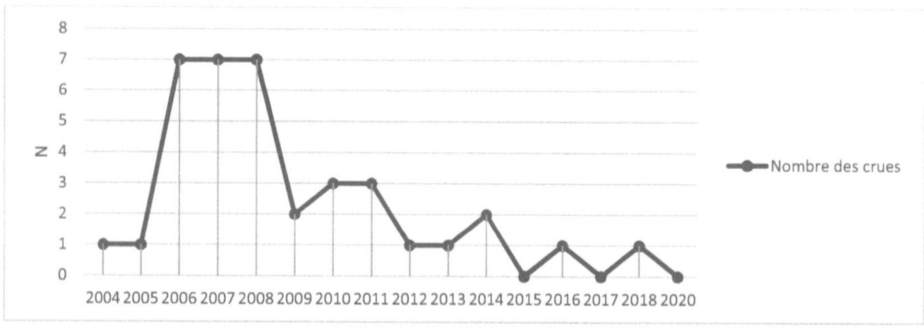

Figure68 : Nombre des crues de l'oued Rhéris (source : BENKASEM,2019 et ABH)

Photos 18: l'état actuelle du séguias, (A-Massoudiya/B-Mahfoudia) / (source : Cl, ouali-26/06/2021).

La sécheresse et pompage intensif ne sont pas les seuls facteurs impliqués dans la détérioration du système d'irrigation traditionnel, mais, il y a notre facteur est constitué les crues violentes des oueds Rhéris et Rjal, les photos ci-après illustre la destruction complète causés par la crue de 03-09-2019

Photo19 : Canaux d'irrigation inondé par la crue de 03-09-2019 au niveau du qasr Bouchiha (source : Ouali 2019/2021)

3-1-4 Khettaras au Tilouine, Patrimoine hydraulique en déclin

3-1-4-1 le contexte historique et structure du khettara

Le premier réseau de khettara a été conçu à Marrakech en 1106 par Oubeid Allah Ibn Youssef, un ingénieux bâtisseur venu d'Andalousie ([12]). Cette technique dépend d'un système traditionnel et typique de la région aride permettant d'utiliser l'eau des nappes avec prudence et efficacité le khettar (Maroc) ou quant (Algérie) ou Fojara (Iran), joue un rôle très important dans la création des périmètres au nveau de Tilouine depuis long termes. Le khettara est composé d'unités fonctionnelles (figure ; Photos) :

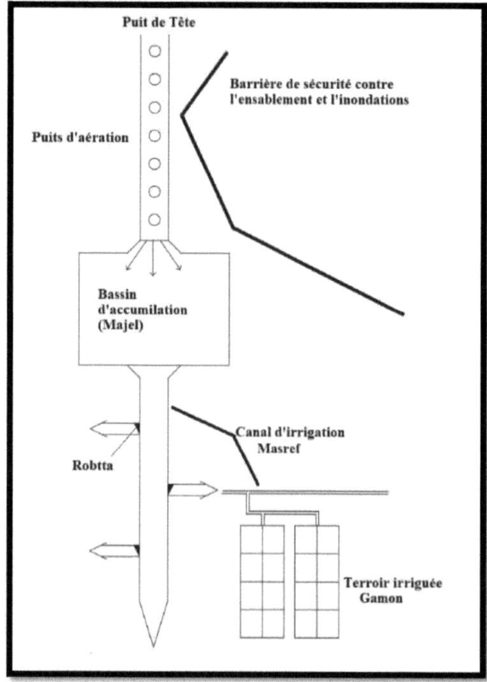

Figure 69 : Vue en plan du khettara (source : T Personnel)

[12] LES KHETTARA, UN SYSTÈME TRADITIONNEL INGÉNIEUX DE DRAINAGE DES EAUX EN DANGER DE DISPARITION
Halimi abdellah 2015

Photo 20: différentes unités La khettara (**A** : Puit de tête, **B** : galerie souterraine, **C** : canal superficiel, **D** : bassin d'accumulation, **E** : distributeur, **F** : canal d'irrigation-source : T Personnel -cl Ouali,2021)

D'après les photos ci-dessus le système se compose d'une galerie drainante amenant par gravité d'eau de nappe phréatique, la longueur du khettara varie fortement et peut atteindre une certaine de puits dont la profondeur atteint parfois les 10m (l'enquête de terrain et Ouali,2019).

3-1-4-2 la situation actuelle du khettara au Tilouine

La région de Goulmima-Tinejdad compte 137 khettara (SNART-DT), dont 10 à l'oasis de Tilouine (Tableau16).

Tableau16 : les khettaras du Tilouine (Qsar, surface, débit) - source : JICA,2005 ; Ouali,2019

Nom du Khettara	Qasr	Surface en ha	Débit
Laaouina Lakbira	Laaouina	100	3,8
Laaouina Seghira	Laaouina	100	1
El makhzen	Laaouina	30	2
El-chérif	Bouchiha	6	0,3
Bohaddachia	Laaouina	10	0,1
Rjjal	Bouchiha	100	0
Laarab	El Bour	70	0

El Hassania	El Bour	300	3,6
El boukhari	El Bour	4	0
El Haj Touhami	El Bour	50	1,2

La baisse niveau de la nappe phréatique suite à surpompage et la sécheresse fréquente, accélérer l'arrêt de fonctionnement de plusieurs khettaras à l'oasis de Tilouine (Tableau17).

Tableau 17: l'état actuell des khettar à Tilouine (enquête de terrain en 2019,2021) (**** : fonctionelle, *Taris, *** : baise de débit)

Nom du Khettara	Qasr	Situation 2019	Situation 2021
Laaouina lakbira	Laaouina	****	***
Laaouina seghira	Laaouina	****	***
El makhzen	Laaouina	****	***
El-chérif	Bouchiha	****	***
Bohaddachia	Laaouina	***	***
Rjjal	Bouchiha	*	-
Laarab	El Bour	*	-
El Hassania	El Bour	****	***
El boukhari	El Bour	*	-
El Haj Touhami	El Bour	****	***

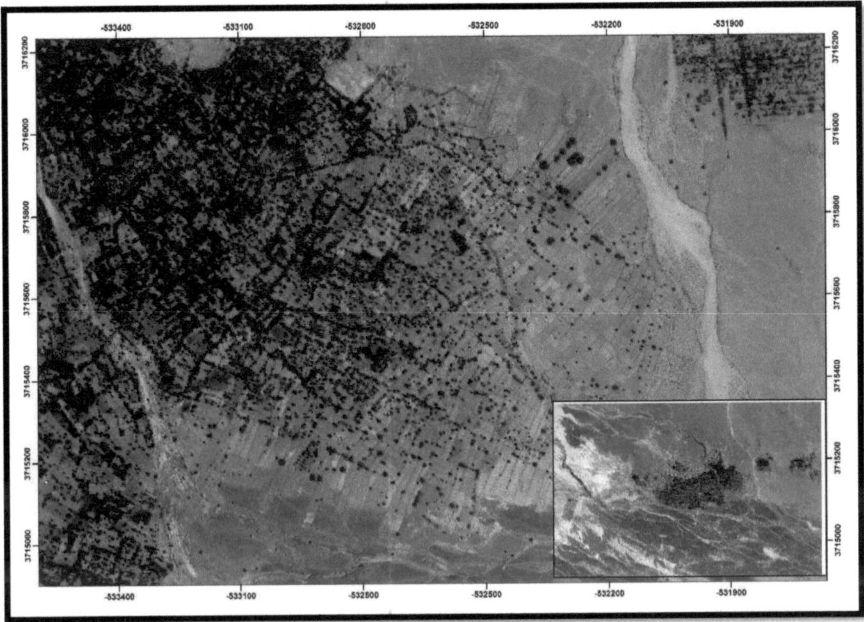

Figure70: dégradation d'agriculture et l'augmentation des terres en jachère à khettara de Rjal (
T personnel)

3-1-5 L'ensablement, un risque menacé l'oasis de Tilouine

A l'instar, les régions arides au sud-est du Maroc et celle de Moyen Rhéris connaissent de sérieux problèmes d'ensablement. Ces derniers qui résultant de la sévérité des conditions climatiques et de la mauvaise utilisation des ressources naturelles constituent le phénomène le plus spectaculaire de la désertification. Compte tenu de sa situation géographique dans les zones arides, le milieu naturel au moyen Rhéris, présente des conditions favorables à une vie d'érosion éolienne souvent accentuée par l'action néfaste de l'homme.

De plus à travers le travail de terrain nous avons remarqué à plus endroit les progressions des ergs vers les parcelles des agriculteurs, ces accumulations défièrent d'une zone à l'autre selon le type, la forme, l'extorsion, vitesse du vent, la nature lithologique en plus de la présence ou l'absence des obstacles. Le tableau suite présente les résultats des observations des sites enquêtés.

Le site	Les observations
Kh de Moulay hacham	-Localisation des dues par rapport les parcelles dans le Nord et l'Ouest -la superficie couverte par les dunes, très importante -la dynamique de mouvement se répète de 3mois à 3 mois -La longueur des dunes variant entre 4 et 5 m -la superficie dégradée par l'ensablement augmenté d'une manière rapide - les techniques de la lutte contre l'ensablement très rare et traditionnel
Tarza	-La superficie couverte par les dunes importantes par rapport le site de Kh moulay hacham -l'abondon des parcelles à cause la progression rapide des dunes -manque des techniques de la lutte contre la désertification _ la largeur des dunes variant entre 2 et 3 m

Tableau18 : les résultats des observations des site menacé par l'ensablement (2021)

Photo21 : Mesurer la longueur des accumulations sableuses à Tarza(Cl, Ouali,2021)

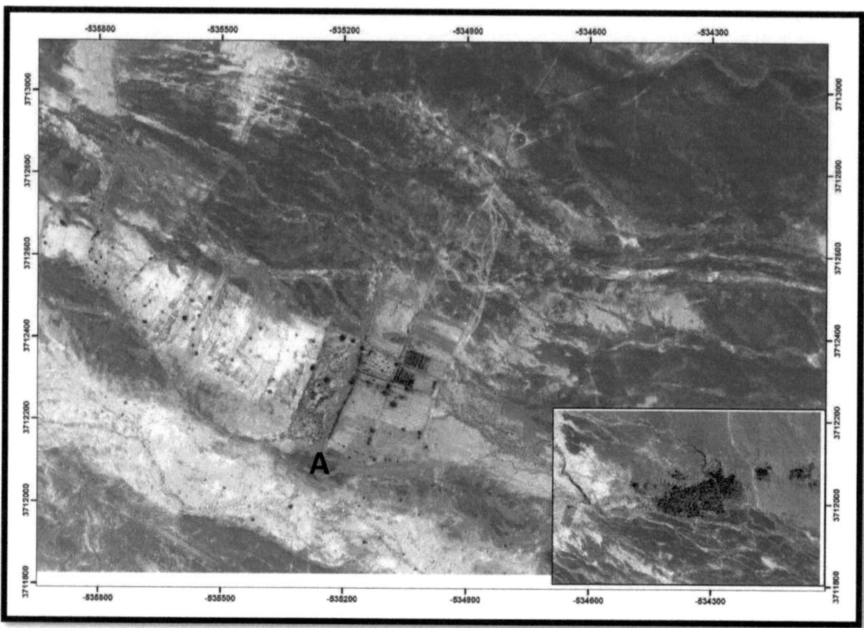

Figure71 : Vue aérien du site Tarza illustre l'entendue spatiale des dunes de sables

Pour relever ce défi les agriculteurs utilisent des moyens traditionnels pour atténuer l'impact d'ensablement sur l'agro-système dans ce cadre nous offrons quelques modèles de la lutte contre l'ensablement

Photo22 : obstacle artificiel perpendiculaire avec la direction de vent

Cette technique est basée sur le principe de construire un mur de matériaux locaux dans le sens inverse de la direction du vent, pour stabiliser les matériaux sableux transportés.

III-2 Les rôles des acteurs institutionnels en matière conservation de l'oasis

Pour s'adapter aux effets des changements climatiques grandissants, les agriculteurs font recours à la diversification des activités. Les acteurs intentionnels dans le sens de contribuer à l'adaptation des agricultures face aux changements climatiques ont mené divers projet et actions comme les créations des activités génératrices de revenus, la lutte contre l'érosion, les renforcements des capacités.

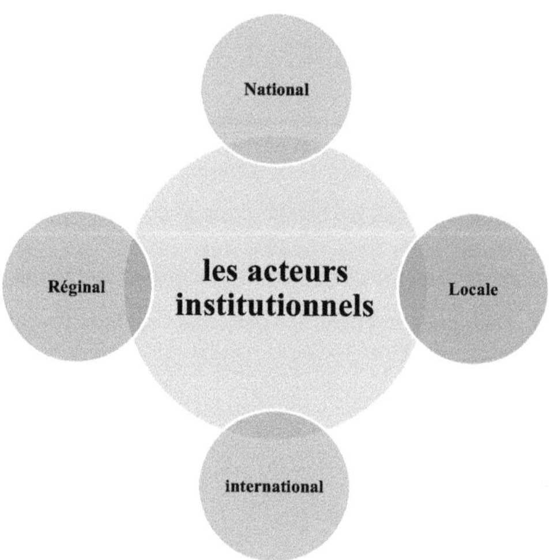

Figure 72: diverses instances intervenantes en la conservation des oasis

3-2-1 Conseil Supérieur de l'Eau et de Climat (CSEC) -Errachida

Le conseil supérieur de l'eau et du climat (CSEC) constitue un véritable forum de concertation jouissant de la crédibilité néssaire à la mise en application de ses recommandations grâce à une large concertation et par conséquent une adhésion de l'ensemble des intervenants dans le secteur de l'eau, le CSEC est chargé de formuler les orientations générales de la politique nationale de l'eau et d'examiner en particulier :

- ✓ La stratégie nationale en matière de connaissance du climat et de son impact sur les ressources en eau
- ✓ Le plan régional de l'eau
- ✓ Les plans d'aménagement intégré des ressources en eau en accordant une importance particulière à la répartition de l'eau entre les secteurs usagers, aux transferts d'eau et aux dispositions de valorisation et protection des ressources en eau au niveau provincial

3-2-2 L'agence du bassin hydraulique -Errachida

Selon l'acteur enquêté (Saïd jayadi-chef de gestion et plan des ressources souterraines au nveau du ABH-GZR) cordonne ses actions avec le ministère délégué chargé de l'eau l'ONEP, l'DREFLD, l'ANDZOA pour la préparation du présent PDAIRE a fait l'objet d'une large concertation et a pris en compte les Plans locaux, régionaux et nationaux, notamment les plans et schémas directeurs sectoriels (la stratégie nationale de l'eau ; le Plan Maroc Vert..). En outre, le présent projet du PDAIRE s'inscrit dans le chantier national de mise en œuvre de la stratégie nationale de l'eau. Cette stratégie nationale repose sur le trois leviers suivants:

- ✓ Mobilisation, gestion, protection et préservation des ressources en eau
- ✓ Réalisation des ouvrages de mobilisation des ressources en eau
  Faire face à l'incertitude future sur la nature et l'ampleur des effets du changement climatique
- ✓ Financement et recouvrement des coûts
- ✓ Gestion efficiente de la demande en eau

3-2-3 La Direction Provinciale des Eaux et Forêts et la Lutte contre la Désertification de D'Errachidia

Quant à DPEFLD-Errachidia, la coordination est avec l'ABH.D'après l'acteur enquêté **Mr minoune,** la DPEFLD ne coordonne pas avec le ministère de l'équipement, mais il le devrait pour une meilleure gestion des ressources forestières, et RBOSM

3-2-3 Office Régional de la Mise en Valeur Agricole Tafilalet -ORMVAT

Créé par Décret Royal en 1966, l'Office Régional de Mise en Valeur Agricole du Tafilalet (ORMVA/TF) est un organisme public doté de la personnalité civile et de l'autonomie financière et placé sous la tutelle du Ministère de l'Agriculture et de la Pêche Maritime. L'ORMVA/TF est administré par un Conseil d'Administration présidé par le Ministre de l'Agriculture et de la Pêche Maritime. Son siege

L'aménagement de l'espace agricole à travers le développement de l'irrigation et la réhabilitation des infrastructures hydro-agricoles.

– Le développement des systèmes d'irrigation efficients et la promotion de la production agricole.

– La diversification des spéculations végétales et animales et la valorisation des productions oasiennes.

– Le développement de l'élément humain, en tant que facteur déterminant pour la modernisation du secteur agricole et la promotion d'activités complémentaires.

– La protection du capital productif. L'approche de la mise en œuvre des actions prend sa force par l'implication et la participation de la population cible et le renforcement de l'esprit de partenariat avec l'ensemble des intervenants en milieu rural. A causse la sécheresse qui caractérise le sud-Est, pour la conservation et renforcement de résilience des oasis, l'office régionale de la ,mise en valeurs Errachidia, a restructuré le barrage de dérivation baakram pour

- **L'adaptation au changement climatique**
- **L'alimentation des nappes phréatiques**
- **L'irrigations de tarza et l'ancien oasis par les crues de l'oued Rhéris**

3-2-4 Agence de développpent sociale – Errachida

Au cours des dernières décennies, les organismes internationaux se sont lancés dans des programmes d'action visant à étudier la dynamique entrepreneuriale et les politiques mises en œuvre par les pays pour stimuler et faciliter la création d'entreprises. L'entrepreneuriat dépend essentiellement de la reconnaissance de l'état des activités économiques dans lesquelles s'investissent les entrepreneurs ainsi que les facilités que les pouvoirs publics leur accordent. Dans le cadre de la stratégie nationale de la promotion du travail des jeunes diplômés, les autorités publiques marocaines ont instauré un programme de création de TPE « MOUKAWALATI » accompagnant les jeunes promoteurs avant et durant la création de leur entreprise, les soutenant lors de son démarrage et les accompagnants pendant l'année qui suit son ouverture. (Programme initiative Maroc, Allaoui,2021)

3-2-5 Agence nationale pour le développement des zones oasiennes et de l'arganier

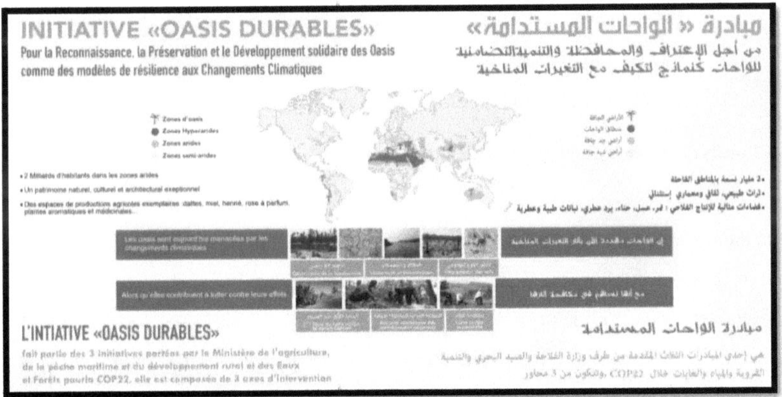

L'initiative « Oasis Durables » constitue une réponse clé au changement climatique, en contribuant à relever les défis globaux de développement à travers la réalisation de plusieurs objectifs de développement durable. Après un rappel du contexte général dans lequel cette initiative est conçue et appelée à s'exercer, ce document résume les informations relatives à l'initiative, en termes de :

- Enjeux, défis et objectifs.

-Axes stratégiques.

-Dispositions de mise en œuvre.

Au niveau de Tilouine, Pour soutenir et renforcer les oasis face aux changements climatiques et aux périodes de sécheresse récurrentes, l'agence a équipé un ensemble de puits pour renforcer les débuts de séguias et khettaras.

Photo23 : renforcent du débit par pompage (CI-Ouali,2021)

3-2-6 Fondation Mohamed V pour la solidarité

La Fondation Mohammed V pour la solidarité est une association marocaine crée en 1999 et reconnue d'utilité publique le 5 juillet 1999, à l'échelle provincial, Les caractéristiques de l'économie sociale et solidaire se retrouvent intrinsèquement dans la société oasienne. Du fait de la rareté des ressources et de l'environnement aride agressif, la société oasienne est condamnée à raisonner et réguler son existence sans se mettre en péril. Toute la difficulté se situe à ce niveau sachant que l'oasis est confrontée aujourd'hui non seulement à la société de consommation qui a porté la surconsommation aux nues, mais surtout à une modification radicale des modes de vie. Dans le même contexte(FMVS,web-2021) la Fondation a créé un centre spécial de commercialisation les produits des terroirs, dans le but de soutenir les familles et les coopératives de femmes (Photo).

Photo 24: Centre de commercialisation des produits de terroir d'Errachidia

3-2-7 la commune territoriale

Selon les acteurs enquêtées **(Hafid kharo et Rachid barchi)** ,les communes d'une manière générale avec les administrations provinciales et les services extérieurs on note cependant de grande relation d'alliance entre les acteur institutionnels pour assurer une convergence de leur action.

3-2-8 O N G (JICA- l'agence japonaise de coopération internationale)

L'Agence Japonaise de la Coopération internationale (JICA) est une agence gouvernementale autonome qui coordonne l'Aide Publique au Développement (APD) du Japon. Sa mission est d'aider au développement économique et social les pays en développement et de promouvoir la coopération internationale. Au niveau de l'oasis Tilouine l'agence japonaise a préparé une grande partie des khettaras par reconstruction des canaux et les bassins de collecte d'eau plus d'équiper les khettaras par pompage en raison l'instabilité de niveau de nappes qui à affecté par le pompage à Qsar Laaouina

Photos 22: les travaux d'aménagement au niveau de Laaouina (Cl ; Ouali,2021)

3-2-9 O N G (giz- Deutsche Gesell shaft fur international Zusammenrbait)

La GIZ opère au Maroc depuis 1975 pour le compte du ministère fédéral allemand de la Coopération économique et du Développement (BMZ). Elle intervient également dans des proportions croissantes dans ce pays pour le compte d'autres commettants, tels que le ministère fédéral de l'Environnement, de la Protection de la Nature et de la Sûreté nucléaire (BMU), le ministère fédéral des Affaires étrangères (AA), le ministère fédéral de l'Économie et de l'Énergie (BMWE), l'Union européenne et des entreprises marocaines.(GIZ.Net,2021) Face à la pollution croissante des nappes phréatiques due aux fuites de matériaux des décharges publiques, cette agence a réalisé une étude dans le but de diagnostiquer la situation et a également apporté un soutien financier à la création de la nouvelle décharge nommée « Rhéris-Ferkla » (annex)

Conclusion de chapitre

Après avoir étudié, les aspects et les formes de dégradation de milieux naturels du Tilouine .et le rôle des acteurs national, régional, local et international on peut dire que :

- Avant de sa situation géographique la zone connait une fréquence successive des années sèches
- Destruction d'un grand nombre de palmiers à cause du manque de ressources en eaux de surface et souterraine
- Surexploitation continue et croissante ont eu un impact négatif sur les ressources en eau disponibles et fragiles
- Le phénomène d'ensablement se développe rapidement, menace la durabilité et la stabilité d'écosystème
- La dysfonctionnement et disparition de plusieurs techniques de la gestion traditionnelle des ressources en eau (la démantèlement du rôle de communauté, déclin des valseurs collectifs à cause de la prévalence de l'individualité ,dégradations des khettaras)
- L'absence de notion « « Risque » dans les programmes étatique
- Malgré les interventions étatiques, les programmes d'aménagements ne répondaient pas toujours aux besoins des habitats
- Manque de coordination entre les partenaires à la protection ; conservation et la durabilité des oasis au niveau de la région du Dra Tafilalet.

Conclusion générale

Au terme de ce travail, nous rappelons que notre étude s'inscrit, dans le cadre de la problématique, de la dégradation des écosystèmes fragile et vulnérabilités, de milieu face aux fluctuations climatiques, et les interventions irrationnelles anthropiques. D'autre part elle vise, globalement à l'inventaire des acteurs institutionnels els et les habitas quant aux changements, qu'a connu l'oasis de Tilouine au niveau du moyen Rhéris. La méthodologie adoptée, se fonde sur une démarche basée sur l'élaboration d'une problématique qui s'appuie sur des éléments théoriques, lectures et des sorties exploratoires menées au niveau de Tilouine, entretien avec les acteurs institutionnels, collecte des données nécessaires pour répondre aux questions posées dans le chapitre intitulé (cadre introductif et méthodologique) .

Les données et informations collectées ont été et analysé suivant des méthodes descriptives et l'analyse du contenu.

Les résultats de cette étude, montrent qu'au niveau du de la zone d'étude, l'analyse effectuée nous a permet d'identifier un cadre physique marqué par la diversité de ses unités topographiques, géologiques et géomorphologiques imposées par la situation géographique chevauchante sur trois domaines structuraux du Maroc. Cette situation géographique a aussi imposé un climat aride marqué par ses faibles précipitations et ses fortes températures impliquant par conséquent la rareté de la ressource en eau.

L'homme s'est adapté aux conditions de milieu comme e témoigne la présence de plusieurs ksours et le développement d'une activité agricole oasienne durable. Cependant, l'analyse de la démographie actuelle montre des reculs préoccupants de la population des mutations sociale l'éclatement des ksours. Ces effets sont accusés par l'immigration continue et aggravés par l'infrastructure et les services de base rudimentaires de la zone.

Par ailleurs l'analyse au deuxième chapitre montre que la zone d'étude un fortement affecté par les fluctuations climatiques instable et irrégulière dans l'espace et le temps, cet effet a été exacerbé par l'intervention humaine irrationnelle dans l'exploitation des ressources en eau

L'influence conjuguée des facteurs naturels et humains a conduit un déséquilibre dans l'environnement de l'oasis.

Liste des photos

Photo 1 : le reg à l'oasis de Tilouine (cl Ouali 2021)

Photo 2 : Dune de sable à coté de Kh moulay hacham (cl Ouali,2019)

Photo 3: Le palmier-dattier (Cl ; Ouali,2021)

Photo 4: Le Harmala Peganum (harmal) (Cl ; Ouali,2021)

Photo5 : Le Tamaris (Tley) (Cl ; Ouali,2021)

Photos6 : 1,2 la technique de construction (Erkiz ,le pisé) -3,4 ksar Laaouina à Tilouine

Photo 7: Thermoclastie et fragmentation Mécanique des roches dans le jbel Ougnat (Cl ; Ouali, 2021)

Photo8 : vue panoramique à la zone de Tarza indiquant la dégradation des terres et régressions des activités agricoles (Cl ; Ouali, 2021)

Photo 9: Exploitation enquêtée à Tilouine Nord (cl ; Ouali,2021)

Photo 10: Exploitation enquêtée à khettara de M hacham (Cl ; Ouali,2021)

Photo 11: l'utilisation des canaux pour l'irrigation des parcelles à partir de l'oued Rjjal (Cl ; Ouali,2021)

Photos 12: illustrant les types des cultures pratiquée par exemple (les arbres fruitiers et fourragers-Luzerne) au niveau de kha Moulay hacham et la zone de Laaouina (Cl ; Ouali,2021)

Photo13 : l'irrigation gravitaire

Photo 14: l'irrigation par les billons

Photo 15: Techniques de creusements des puits traditionnelles à Tilouine nord (Cl ; Ouali,2021)

Photos 16: les énergies utilisées, les Panneaux solaires et gaz butane

Photo 17: Prise d'eau de Baakram en 2019 et l'état actuel (cl, Ouali,2019/2021)

Photos 18: vue illustre l'état actuell du séguias (A-Massoudiya/B-Mahfoudia) / source : Cl, ouali-26/06/2021)

Photo19 : Canaux d'irrigation inondé par la crue de 03-09-2019 au niveau qasr Bouchiha (source : Cl, Ouali 2019/2021)

Photo 20: Différent unités du khettara (A : Puit de tête, B : galerie souterraine, C : canal superficiel, D : bassin d'accumulation, E : distributeur, F : canal d'irrigation-source : T Personnel -cl Ouali,2021)

Photo21 : Mesurer la longueurs des accumulation sableuses à Tarza(Cl, Ouali,2021) ?.

Photo22 : obstacle artificiel perpendiculaire avec la direction de vent

Photo23 : renforcent du débit par pompage (Cl-Ouali,2021)

Photo 24: Centre de commercialisation des produits de terroir d'Errachidia

Liste des figures

Liste de références

❖ **AAFIR M** , La géopolitique de l'aménagement de l'eau à Dadès ,Maroc ,thèse de doctorat en géographie faculté de lettre et science humaines sais 324P.

❖ **ABA, S(2014)**,urbanisme et réhabilitation du patrimoine architecturale ;les ksour du Tafilalet (province Er-Rachidia) ;revue espace homme et développement durable ,revue espace homme et développement durable

❖ **-AJCI, ORMVAT (2005)''** étude de développement du projet de développement DFS communautés rurales a travers la réhabilitation des khettaras dans les région semi-aride l'est sud-atlantique au royaume de Maroc pB114 ; P125 .

❖ **Akdim Brahim ; Laaouane Mohamed et Aboubaker Sabiri (2017)**''le sud _est Marocain(présahara) 'Dégradation des terres et lutte contre la désertification au Maroc Approche Géographie ''p79-186page.

❖ **AKDIM, B(2009)** ,Le stress oasien : indicateurs et stratégies d'adaptation d'un patrimoine millénaire ,Publication institut royal de la culture amazigh 350p.

❖ **AKRAJAI ;L(1981)**,Etude hydrologique de la plaine de toudgha-ferkla, école Mohammadia d'ingénieure

❖ **BABA ;F**(2014) -Ksour et kasbah :apprivoiser le désert ,revue espace homme et développent durable .

❖ **BAKI, S (2017) ;** Contribution à l'étude hydrologique, hydrogéologique, hydrochimique et vulnérable des ressources en eau à la pollution, le cas du bassin versant Rhéris, Rhéris de doctorat en géoscience et environnement, faculté des lettres et science humaines rabat 263P

❖ **Baki.S, Hilal.M; Ilyas,et Abderrahim Mhboub(2016)**« Caractérisation hydrogéologique et cartographie des ressources en eau dans le bassin versant de O'ued Rhéris (sud-est du Maroc) ». Bulletin de l'institut scientifique. Rabat section de la Terre.

❖ **Ben said .S(2015**) Etude hydrogéologie et élaboration dune base de données spatial Du bassin crétacé » de la province d'Er-Rachidia Mémoire de fin étude Master FsT FES « .

❖ **BEN TALEB A,(2008)** ; la dynamique de désertification dans le bassin du Drra moyen Analyse et perspective ,thèse de doctorat en géographique ,Faculté des litres et sciens humaines Rabat 341 p

❖ **BET, (2018)** Elaboration du schéma régional de l'aménagement du territoire et programme de développement régionale Draa-Tafilalet ;852p

❖ **CHANYOUR Y, (2018) Hydrologie des milieux arides et présahariens du sud-**Est marocain cas du bassin versant de l'oued Daoura, thèse de doctorat en géographie, faculté des lettres et science humaines sais Fès

❖ **CHEBRI, A (2014)**

❖ **CONAC, F (1967)** ; Irrigation et développement durable ; l'exemple des pays méditerranées et danubiens, édition CDU-SEDES paris V°.197p

❖ **Dubost D.**, 1989. Mythe agricole et réalités sociales. Les cahiers de la recherche développement, 22, 27-41.

❖ **Grandguillaume G.**, 1973. Régime économique et structure du pouvoir : le système des foggaras du Touat. Revue de l'Occident musulman et de la Méditerranée,13-14,437-459-**Khardi A(1992)** « Evaluation de l'éffication de la misse en défense Pour la lutte contre l'érosion éolienne et l'ensablement dan la région de Tinejdad IAV p7.

❖ **KHIRI, M(2014)** ;la restauration des anciens ksour pourrait-elle être un facteur de développement socioéconomique ?;le cas du Ksar Ait Kettou à Goulmima

❖ **LAAOUANE M, AKDIM B, AALOUANE N(1993)** ;'analyse chronologique comparé des débits dans les oasis sud-atlasique -le cas du Dadès-Todgha, revue espace et société dans les oasis marocaine publication facultés des lettres sciens humaines mknes 130p

❖ **LAAOUANE M. (2004)** -l'héritage quaternaire significations paléoclimatique et paléogéographique dans la hamada de Meski (Sud-Est marocain) ; thèse de doctorat d'état es lettres option géographique,346p

* **LAAOUANE M. (2017)** « L'eau et la dynamique des espace phoenicicoles : cas de la palmeraie de ferkla Maroc du sud-est » L'eau Ressource. Risques et Aménagement publication de la faculté des lettres et science Humaines sais-Fès p142
* **LAAOUANE, M (2013)**,La khettaras un élément du patrimoine hydraulique dans le sud-est marocain à la croisée des chemis ;publication de la faculté des lettres et des sciences humaines -sais Fès n°26,276p
* **Lacoste Y.,** 1992. Oasis. Encyclopædia Universalis. Vol. XVI, p. 658.
* **-LAHA A. (2019)** -Aspects hydro climatique et risque d'inondation dans le bassin versant de l'oued Ziz (sud-est du Maroc), mémoires de fine étude du master 112p ; Faculté des lettres et sciences humain sais -Fès
* **Landais E.,** 1998. Agriculture durable : les fondements d'un nouveau contrat social ? Le Courier de l'environnement de l'INRA, 33
* **MAHBOUB A(2015)** the future of oases passes by the devices of irrigation with economy of the water; revue oasis du maroc ,region Drra-Tafilalet 150 p.
* **Mansour B. (2003)** ''Les dunes du Tafilalt (Maroc) : dynamique éolienne ensablement des palmerais. Sécheresse volume'' 14 N2pp 73.83.
* **Mayousi, M(2014)** ;Errachidia/ksar es souk ;du souk au 'supre-market' un processus de modernisation du monde oasien ,simple regarde d'un géographe. Revue espace homme et développement durable
* **Obda Khalid, Ilyas Obda et chanyoyr yassin,** Hydrologie des milieux présahariens et sahariens marocains : dégradation des hydrosystème fragile
* **OBDA Khalid, OBDA Ilias, QADEM Zouhir et AMYAY Mohammed (2019)** , source du sais et du haut sbou ; diagnostic hydrologique pour aménagement et apprendre a partager a gerer un bilan commun, publication du laboratoire d'analyse géoenvironnementales et d'aménagements -développent durable -2019 ;153p

* **Ouhajou (1996) ;** Espace hydraulique et société au Maroc caas des systèmes d'irrigation dans la vallée du Dra, publication de la faculté des lettres et sciens humaines-Agadir, série :thèse et mémoires,343p
* **Pacson(1983**) le Haouz de Marrakech « Tanger édition Marocaines et international rabat T1 pp 105.109.
* **PCU, (2014),** Elaboration du plant de gestion des déchets ménagers et assimilés de trois communes du cercle de goulmima : la CU Goulmima Gheriss essoufli et gherisse el ouloui pour l'intégration du groupement intercommunal Gheriss-Ferkla pour l'environnement et Développement « Mission 1/1 Etat de référence diagnostic de la situation actuelle « édition 2014 AS2T .
* **Pierre ,G** « Dictionnaire de la géographie » 3éme édit Revé et Augmentée 1984juin p 319
* **Qadem Z, (2020)** ; Hydrologie des oueds Fès et Mikkés drainant le plateau de sais et ses bordures moyen atlasique, thèse de doctorat en géographique faculté des lettres et science humain sais ,270p
* **Ruhard, J P (1977)**'' Le bassin Quaternaire Du Tafilalet'' Les Ressource en eau au Maroc Tom 3 P 344 ; édition du service géologique du Maroc Rabat.
* **SYLVIE. S (2007)** '' programme de lutte contre la désertification et lutte contre la Pauvreté par la sauvegarde et la valorisation des oasis composante Tafilalet'' .
* **Toutain G.**, Dolle V., Ferry M., 1989. Situation des systèmes oasiens en régions chaudes. Les cahiers de la recherche-développement, 22, 6-13
* **TRIBAK, A (2018),** le petit patrimoine rural marocain ; une ressource territoriale a valoriser pour un développement local en zone méditerranéennes publication de la faculté des lettres et des sciences humaines -sais Fès n°26,276p

❖ المراجع باللغة العربية

❖ البيئة بالمغرب معطيات تاريخية وافاق تنموية منطقة درعة نموذجا، منشورات المعهد العالي للدراسات الامازيغية 2005

❖ حسن رامو2018 'قاموس المصطلحات الجغرافية باللغة الامازيغية، منشورات المعهد العالي للدراسات الامازيغية الرباط

❖ خرمو عبد القادر 1994، اتصال السفح الجنوبي للأطلس الكبير الأوسط بحمادة مسكي منطقة كلميمة ـتاديغوستـ دراسة جيومرفولوجية، بحث لنيل دبلوم الدراسات العليا، كلية الآداب والعلوم الإنسانية الرباط

❖ عادل وعلي، (2019) الماء بواحات واد غريس: التدبير، المخاطر والتهيئة، واحة تلوين بالجنوب الشرقي للمغرب نموذجا ـبحث لنيل شهادة الإجازة في الجغرافية، كلية الأداب سايس 170 صفحة.

❖ عبد الحميد جناتي ادريسي (2017)، التراجع المطري والموارد المائية بحوض سبو عالية مشروع بلقصيري، منشورات كلية الآداب سايس فاس 298 صفحة

❖ علي فالح وعبد العربي (2014)، نظام الخطارات ثراث مائي يواجه إشكالية ندره المياه وتحدي التغير المناخي ـواحات المعيدر أنموذجا، منشورات مختبر الأبحاث والدراسات الجغرافية والتهيئة والخرائطية كلية الأداب والعلوم الإنسانية سايس فاس

❖ الغازي العقاوي (2000-2001)، استراتيجيات وسلوكيات التكيف مع الجفاف بحوض غريس الأوسط، بحث لنيل دبلوم الدراسات العليا المعمقة، في الجغرافيا، 121 صفحة

❖ الغازي العقاوي (2006)، الماء والتهيئة والدينامية الريحية الحالية بحوض غريس الأوسط، بحث لنيل شهادة الدكتوراه في الجغرافية، كلية الآداب والعلوم الإنسانة سايس فاس

❖ الغازي العقاوي، مصطفى أعفير، بوعمامة الشرعي (2018)، نظام السقي، الحقوق وطرق التدبير بواحة تلوين بالجنوب الشرقي للمغرب، التراث المائي والتنمية بالمغرب منشورات كلية المتعددة التخصصات والمعهد العالي للدارسات الامازيغية، الرباط 212 صفحة

CHAPITRE I

Printed by Books on Demand GmbH, Norderstedt / Germany